AI与动画游戏艺术实验室　策划

细致功能讲解 + 技术实例 + 综合实例 + 视频微课

Cinema 4D 2024+AI
工具详解与实战

视频微课 全彩版

来阳◎著

人民邮电出版社

北京

图书在版编目（CIP）数据

Cinema 4D 2024+AI 工具详解与实战：视频微课：全彩版 / 来阳著. -- 北京：人民邮电出版社，2025.

ISBN 978-7-115-66207-1

Ⅰ．TP391.414

中国国家版本馆 CIP 数据核字第 2025XOP180 号

内 容 提 要

本书是一本全面而深入的三维设计教程。书中不仅详细介绍了三维设计的核心概念，以及 Cinema 4D 2024 的基础知识和操作技巧，还特别强调了 AI 技术在三维设计中的应用，展示了如何利用 AI 工具提高设计效率和创新性。

本书共 10 章，配有丰富的技术实例和步骤详解。第 1 章介绍了三维设计的基础知识和 Cinema 4D 2024 的基本操作。接下来的章节分别深入探讨了曲线建模、多边形建模、灯光技术、材质与纹理、摄像机技术、渲染、动画技术、粒子动画技术，以及使用 AI 工具创作和完善作品。书中的技术实例覆盖了从基础模型制作到复杂场景渲染的各个方面，帮助读者逐步掌握 Cinema 4D 2024 的高级功能。

本书适合三维设计初学者及任何对三维设计感兴趣的人士阅读。对于初学者来说，本书提供了易于理解的教程和实例，能够帮助他们快速上手 Cinema 4D 2024；对于有经验的设计师，书中的高级技巧和 AI 工具的应用将激发他们的创造力，提高工作效率。此外，本书还适合作为高等院校和培训机构相关课程的教材。

◆ 著　　　来　阳

　责任编辑　罗　芬

　责任印制　王　郁　焦志炜

◆ 人民邮电出版社出版发行　北京市丰台区成寿寺路 11 号

邮编　100164　电子邮件　315@ptpress.com.cn

网址　https://www.ptpress.com.cn

北京瑞禾彩色印刷有限公司印刷

◆ 开本：700×1000　1/16

印张：17　　　　　　　　　　　2025 年 3 月第 1 版

字数：303 千字　　　　　　　　2025 年 3 月北京第 1 次印刷

定价：89.90 元

读者服务热线：(010)81055410　印装质量热线：(010)81055316
反盗版热线：(010)81055315

前言

在数字化时代，三维设计已成为创意表达和技术创新的重要工具。随着技术的飞速发展，Cinema 4D 以其强大的功能和直观的操作界面，成为三维设计领域的佼佼者。无论是在电影、动画、游戏，还是广告制作中，Cinema 4D 都能提供无与伦比的创作自由度和效率。

作为一本全面而深入的教程，本书旨在引导读者探索 Cinema 4D 2024 的无限可能。从基础操作到高级技巧，从传统建模到 AI 辅助设计，每一章节都精心设计，以确保读者能够逐步建立起扎实的三维设计基础。我们不仅深入讲解了 Cinema 4D 2024 的核心功能，还通过丰富的实例演示，帮助读者理解如何在实际项目中应用这些功能。

在本书的编写过程中，我们特别注重理论与实践的结合，确保每个概念都通过具体的操作来阐释，每个技巧都通过实例来巩固。我们相信，通过学习本书，无论是三维设计的新手还是有经验的专业人士，都能在 Cinema 4D 和 AI 的辅助下，将创意转化为令人惊叹的三维作品。

学习资源下载方法

本书的配套资源包括所有实例的工程文件、贴图文件和教学视频。扫描下方二维码，关注微信公众号"数艺设"，并回复 51 页左下角的 5 位数字，即可自动获得资源下载链接。

数艺设

致谢

在本书的出版过程中，人民邮电出版社的编辑老师做了很多工作，在此表示诚挚的谢意。我们的目标是使本书成为一个实用的资源，希望读者在阅读本书的过程中获益。虽然我们努力确保本书内容准确且易于理解,但难免存在不足之处,我们欢迎并感激读者的反馈和建议,您可以发送电子邮件至 luofen@ptpress.com.cn。

来 阳

2.3.1 实例：制作杯子模型

2.3.2 实例：制作罐子模型

2.3.3 实例：制作立体文字模型

2.3.4 实例：制作多用途钩模型

2.3.5 实例：制作香蕉模型

2.3.6 实例：制作果盘模型

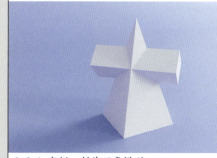
3.3.1 实例：制作石膏模型

3.3.2 实例：制作吧台凳模型

3.3.3 实例：制作塑料桶模型

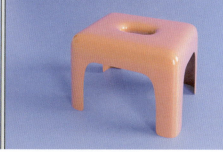
3.3.4 实例：制作儿童凳模型

3.3.5 实例：制作马克杯模型

3.3.6 实例：制作卡通云朵模型

3.3.7 实例：制作数字气球模型

3.3.8 实例：制作办公木桌模型

3.3.9 实例：制作弯曲铁链模型

3.3.10 实例：制作高尔夫球模型

4.3.1 实例：制作室内静物灯光照明效果

4.3.2 实例：制作室内射灯照明效果

4.3.3 实例：制作室内天光照明效果

4.3.4 实例：制作室内阳光照明效果

5.4.1 实例：制作玻璃材质

5.4.2 实例：制作金属材质

5.4.3 实例：制作陶瓷材质

5.4.4 实例：制作玉石材质

5.4.5 实例：制作渐变色纹理

5.4.6 实例：制作凹凸纹理

5.4.7 实例：制作图书纹理

5.4.8 实例：制作线框纹理

6.3.1 实例：创建摄像机

6.3.2 实例：制作景深效果

7.3 综合实例：制作室内照明效果

7.3.1 制作布料材质　　　　　　　7.3.2 制作地板的材质

7.3.3 制作花盆的材质　　　　　　7.3.4 制作环境的材质

7.3.5 制作背景墙的材质　　　　　7.3.6 制作金属材质

7.4 综合实例：制作玻璃质感文字

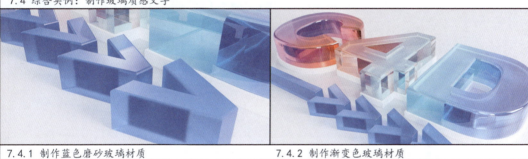

7.4.1 制作蓝色磨砂玻璃材质　　　　　　　7.4.2 制作渐变色玻璃材质

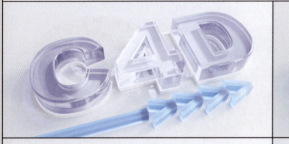

7.4.5 制作焦散效果

8.3.1 实例：制作文字渐变色动画

8.3.2 实例：制作秋千摇摆动画

8.3.3 实例：制作飞机飞行动画

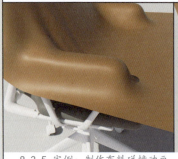  

8.3.4 实例：制作水果掉落动画

8.3.5 实例：制作布料碰撞动画

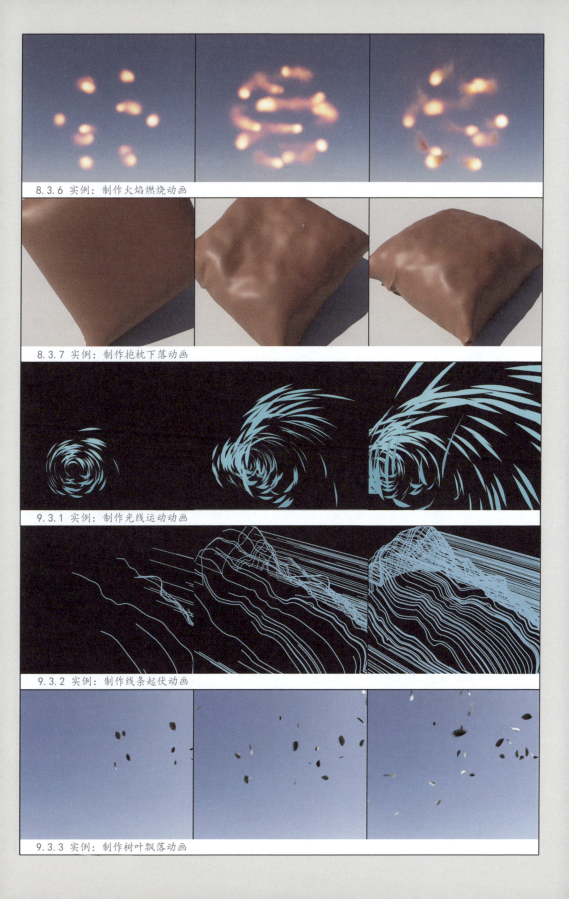

8.3.6 实例：制作火焰燃烧动画

8.3.7 实例：制作抱枕下落动画

9.3.1 实例：制作光线运动动画

9.3.2 实例：制作线条起伏动画

9.3.3 实例：制作树叶飘落动画

10.7.1 实例：以文生图方式制作海报

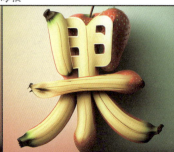

10.7.2 实例：以文生图方式制作艺术字

10.7.3 实例：以图生图方式更改模型材质

10.7.4 实例：以图生图方式更改室内渲染效果

10.7.5 实例：以图生图方式制作二次元室内场景

目 录

第1章
初识三维设计 1

1.1 三维设计概述 2
1.2 AI 辅助三维设计 3
1.3 三维设计软件与 AI 绘图工具 4
 ◆ 1.3.1 常用的三维设计软件及其特点 ... 4
 ◆ 1.3.2 AI 绘图工具及其特点 6

1.4 Cinema 4D 2024 的基本操作 8
 ◆ 1.4.1 Cinema 4D 2024 的工作界面 8
 ◆ 1.4.2 对象选择 9
 ◆ 1.4.3 对象变换 9
 ◆ 1.4.4 对象复制 9

第2章
曲线建模 11

2.1 曲线建模概述 12
2.2 曲线工具 12
2.3 技术实例 12
 ◆ 2.3.1 实例：制作杯子模型 12
 ◆ 2.3.2 实例：制作罐子模型 16

 ◆ 2.3.3 实例：制作立体文字模型 21
 ◆ 2.3.4 实例：制作多用途钩模型 25
 ◆ 2.3.5 实例：制作香蕉模型 36
 ◆ 2.3.6 实例：制作果盘模型 40

第3章
多边形建模 47

3.1 多边形建模概述 48
3.2 创建多边形对象 49
3.3 技术实例 49
 ◆ 3.3.1 实例：制作石膏模型 49
 ◆ 3.3.2 实例：制作吧台凳模型 53
 ◆ 3.3.3 实例：制作塑料桶模型 65
 ◆ 3.3.4 实例：制作儿童凳模型 70

 ◆ 3.3.5 实例：制作马克杯模型 77
 ◆ 3.3.6 实例：制作卡通云朵模型 84
 ◆ 3.3.7 实例：制作数字气球模型 88
 ◆ 3.3.8 实例：制作办公木桌模型 93
 ◆ 3.3.9 实例：制作弯曲铁链模型 100
 ◆ 3.3.10 实例：制作高尔夫球模型 ... 106

目 录

第 4 章 灯光技术 111

- 4.1 灯光概述 112
- 4.2 Cinema 4D 灯光 112
- 4.3 技术实例 113
  - 4.3.1 实例：制作室内静物灯光照明效果 113
  - 4.3.2 实例：制作室内射灯照明效果 116
  - 4.3.3 实例：制作室内天光照明效果 118
  - 4.3.4 实例：制作室内阳光照明效果 122

第 5 章 材质与纹理 125

- 5.1 材质概述 126
- 5.2 默认材质 126
- 5.3 材质管理器 127
- 5.4 技术实例 127
  - 5.4.1 实例：制作玻璃材质 127
  - 5.4.2 实例：制作金属材质 130
  - 5.4.3 实例：制作陶瓷材质 133
  - 5.4.4 实例：制作玉石材质 136
  - 5.4.5 实例：制作渐变色纹理 139
  - 5.4.6 实例：制作凹凸纹理 142
  - 5.4.7 实例：制作图书纹理 145
  - 5.4.8 实例：制作线框纹理 150

第 6 章 摄像机技术 153

- 6.1 摄像机概述 154
- 6.2 创建摄像机的方式 154
- 6.3 技术实例 155
  - 6.3.1 实例：创建摄像机 155
  - 6.3.2 实例：制作景深效果 158

第 7 章 渲染 162

- 7.1 渲染概述 163
- 7.2 渲染器 163

7.3	综合实例：制作室内照明效果......164

- 7.3.1 制作布料材质 165
- 7.3.2 制作地板的材质 167
- 7.3.3 制作花盆的材质 168
- 7.3.4 制作环境的材质 169
- 7.3.5 制作背景墙的材质 171
- 7.3.6 制作金属材质 172
- 7.3.7 制作天光照明效果 173
- 7.3.8 制作射灯照明效果 174
- 7.3.9 渲染设置 175

7.4	综合实例：制作玻璃质感文字...........................176

- 7.4.1 制作蓝色磨砂玻璃材质... 177
- 7.4.2 制作渐变色玻璃材质....... 179
- 7.4.3 制作平面背景的材质....... 181
- 7.4.4 制作场景灯光 183
- 7.4.5 制作焦散效果 185

第 8 章
动画技术..188

- 8.1 动画概述............................. 189
- 8.2 动画基本操作..................... 189
- 8.3 技术实例............................. 190
  - 8.3.1 实例：制作文字渐变色动画... 190
  - 8.3.2 实例：制作秋千摇摆动画...... 194
  - 8.3.3 实例：制作飞机飞行动画...... 198
  - 8.3.4 实例：制作水果掉落动画...... 203
  - 8.3.5 实例：制作布料碰撞动画...... 206
  - 8.3.6 实例：制作火焰燃烧动画...... 211
  - 8.3.7 实例：制作抱枕下落动画...... 215

第 9 章
粒子动画技术..221

- 9.1 粒子概述............................. 222
- 9.2 创建粒子发射器................. 222
- 9.3 技术实例............................. 222
  - 9.3.1 实例：制作光线运动动画...... 222
  - 9.3.2 实例：制作线条起伏动画...... 228
  - 9.3.3 实例：制作树叶飘落动画...... 234

目 录

第 10 章 使用 AI 工具创作和完善作品 238

- 10.1 文心一格概述 239
- 10.2 使用推荐方式绘画 240
- 10.3 使用自定义方式绘画 241
- 10.4 图片扩展 242
- 10.5 人物动作识别再创作 242
- 10.6 线稿识别再创作 243
- 10.7 技术实例 244
  - 🔶 10.7.1 实例：以文生图方式制作海报 244
  - 🔶 10.7.2 实例：以文生图方式制作艺术字 246
  - 🔶 10.7.3 实例：以图生图方式更改模型材质 248
  - 🔶 10.7.4 实例：以图生图方式更改室内渲染效果 250
  - 🔶 10.7.5 实例：以图生图方式制作二次元室内场景 252

初识三维设计

1.1 三维设计概述

三维设计（3D Design）是指使用计算机辅助设计软件创建三维模型和动画的过程。与传统的二维设计相比，三维设计能够更真实、直观地展示物体的空间关系和细节，为设计师提供更多的创意空间和技术支持。三维设计广泛应用于多个领域，如建筑设计、工业设计、动画与影视制作、游戏开发、医疗等。

- 在建筑设计领域，三维设计用于创建详细的建筑模型，进行虚拟漫游、光照分析和结构模拟，帮助建筑师更好地展示和优化设计方案。
- 在工业设计领域，三维设计用于产品设计、原型制作和制造仿真，可以提高设计效率和产品质量。
- 在动画与影视制作领域，三维设计用于创建角色、场景和特效，使影片更具视觉冲击力和真实感。
- 在游戏开发领域，广泛使用三维设计来创建游戏角色、环境和道具，提供沉浸式的游戏体验。
- 在医疗领域，三维设计用于创建人体器官和组织的详细模型，帮助医生进行手术规划和教学培训。

随着 3D 设计技术的进步，三维设计师在设计领域的作用越来越重要，根据招聘网站 2024 年的数据，三维设计师的月均薪资范围从 4500 元到 15000 元不等，其中 12000~15000 元的占比达到 26%。如何才能成为一名符合岗位用人需求的三维设计师呢？表 1-1 所示的是根据企业需求整理的三维设计师岗位胜任力模型，供读者参考。

表 1-1 三维设计师岗位胜任力模型

胜任力维度	具体能力	描述	评估方法
专业技能	建模能力	熟练使用三维建模软件（如 3ds Max、Blender、Maya、Cinema 4D 等），能够创建高质量的三维模型	技能测试、作品集审查
	材质与纹理	能为模型添加合适的材质和纹理，使其具有真实感	
	光照与渲染	熟练设置光源和相机，进行高质量的渲染	
	动画制作	能创建流畅的三维动画，包括角色动画和场景动画	
	后期处理	熟悉图像和视频编辑软件（如 Photoshop、After Effects 等），能进行后期处理	

续表

胜任力维度	具体能力	描述	评估方法
创意与设计	创意思维	具备较强的创意思维,能提出独特的设计概念	面试、案例分析
	设计美感	对色彩、形态、比例等有敏锐的感知能力,能设计出美观的作品	作品集审查、面试
	用户体验	能从用户角度出发,设计符合用户需求的产品	面试、案例分析
技术素养	学习能力	具备较强的学习能力,能快速掌握新技术和新工具	面试、技能测试
	技术创新	能运用新技术进行创新设计,提升工作效率和质量	面试、作品集审查
沟通与协作	沟通能力	能清晰、准确地表达自己的设计思路,与团队成员有效沟通	面试、团队评价
	协作能力	具备良好的团队合作精神,能与其他设计师、工程师等协同工作	团队评价、项目经验
项目管理	时间管理	能合理安排时间,确保项目按时完成	项目经验、面试
	项目协调	能协调项目中的各个环节,确保项目顺利推进	
职业素养	职业道德	具备良好的职业道德,尊重知识产权,遵守公司规章制度	背景调查、面试
	自我驱动	具备高度的自我驱动力,能主动解决问题和改进工作	面试、项目经验
	应对压力	能在高压环境下保持冷静,高效完成工作任务	面试、背景调查

【说明】
评估方法:通过多种评估方法综合考查候选人的各项能力,包括技能测试、作品集审查、面试、团队评价、项目经验和背景调查等
作品集审查:候选人需提交个人作品集,展示其在三维设计领域的实际能力和成果
面试:通过面对面或视频面试,考查候选人的沟通能力、创意思维、职业素养等
团队评价:通过与候选人前同事或领导的沟通,了解其在团队中的表现和协作能力
项目经验:通过询问候选人过去的项目经历,了解其在实际工作中的表现和能力

在三维设计师的岗位胜任力模型中,建模能力、动画制作、创意思维、设计美感、学习能力、沟通能力、协作能力是最为重要的。这些能力不仅直接影响作品的质量,还关系到设计师的职业发展和团队合作效果。其他能力,如后期处理、技术创新、项目协调等也是重要的补充,能够进一步提升设计师的综合能力。

1.2 AI 辅助三维设计

随着人工智能(AI)技术的飞速发展,AI 在创意产业中的应用正逐渐改变设计行业,为设计师带来了新的工具和可能性。把一段指令输入 AI 绘图工具,在很短的时间

内就能得到60分以上效果的作品。当前的AI为设计师提供了前所未有的便利和革命性的变革。使用AI辅助三维设计，不仅能够加速设计过程，提高工作效率，还能激发新的创意灵感，帮助设计师突破传统设计的局限。

设计师使用AI辅助三维设计，将AI应用能力融入技能体系中，可以提升自己的各项技能，增强自己在行业中的竞争力，如表1-2所示。

表1-2 AI辅助三维设计带来的技能提升

技能划分维度	具体技能	技能描述
基础技能	AI辅助基础建模	理解三维空间中的几何体构建，利用AI辅助生成复杂模型的初步形态
	AI生成纹理和材质	了解纹理贴图、材质属性，使用AI生成逼真的纹理和材质，提高模型的真实感
	AI模拟光照效果	理解光照原理，包括光源类型和光照效果，利用AI模拟高级光照效果，如全局光照、体积光等
	AI辅助基础物理模拟	了解基本的物理模拟，如布料、流体、烟雾等，通过AI技术提高模拟的精确度和效率
	AI辅助概念设计	使用AI工具辅助概念设计，提供创意启发和视觉参考
进阶技能	AI辅助高级建模	利用AI进行复杂模型的构建，进行角色建模和场景建模的创新设计
	AI辅助动画制作	使用AI辅助制作逼真的角色动画和复杂的表情动画
	AI辅助特效制作	通过AI生成复杂的视觉效果，如爆炸、破碎等
辅助技能	AI辅助设计美感提升	结合AI工具进行艺术创作，提高作品的设计美感和创作效率
	AI辅助项目管理	使用AI工具进行项目规划和时间管理，提高项目执行效率

通过将AI技术融入到三维动画设计的技能体系中，与现有的技能相结合，可以形成一个更加完整和现代化的技能体系，帮助设计师更加高效地创作和创新。

1.3 三维设计软件与AI绘图工具

1.3.1 常用的三维设计软件及其特点

目前，在三维设计领域有多种常用的软件，它们各自具有独特的功能和优势，适用于不同的行业和项目需求。以下是几款因其强大的功能和广泛的应用而脱颖而出的核心软件。

1．Maya

Maya 以其全面的 CG 功能而闻名，包括建模、粒子系统、毛发生成、植物创建和衣料仿真等。它的强大功能使其在电影特效和动画制作方面尤为突出。它广泛应用于电影、电视、游戏开发和视觉艺术设计等领域。Maya 的 CG 功能全面，从建模到动画，都能提供高效的解决方案。

2．3ds Max

3ds Max 以其强大的建模功能和插件生态系统而著称。它特别适用于建筑及室内设计。它在游戏开发和电影制作方面也有广泛的应用。3ds Max 的插件支持使其在制作效率上具有优势。

3．Blender

Blender 是一款开源软件，适用于多种三维内容创建，它在游戏开发、动画制作、影视制作、工业设计和建筑设计等领域都有广泛的应用。由于是免费软件，所以它对于预算有限的设计师来说是个不错的选择。

4．Cinema 4D

Cinema 4D 以其直观的用户界面和强大的功能而闻名，特别适合快速建模和渲染。它被称为"3D 版 PS"，操作方式类似于 Photoshop，具有图层概念，使得用户能够快速上手。它在动画创作、建筑表现、游戏美工等制作领域被广泛使用，能够满足各种不同的需求。

这些工具各有千秋，选择哪种工具往往取决于项目的具体需求、预算和个人偏好。了解这些工具的特点和应用场景，可以帮助读者更有效地选择合适的工具来实现创意。本书将选择 Cinema 4D 这款软件，系统和详细地讲解它在三维设计中的应用。

目前，Cinema 4D 最新版本为 Cinema 4D 2024，默认渲染器为 Redshift 渲染器。本书以该版本为例进行讲解，力求由浅入深地详细剖析软件的基本使用技巧及中、高级技术，帮助读者制作出高品质的图像及动画作品。图 1-1 所示为中文版 Cinema 4D 2024 的启动界面。

Cinema 4D 2024 为用户提供了多种不同类型的建模方式，配合功能强大的 Redshift 渲染器，可以帮助从事动画创作、游戏美工、建筑表现等工作的设计师顺利完成项目的制作，效果如图 1-2 和图 1-3 所示。

图 1-1

图 1-2

图 1-3

1.3.2 AI 绘图工具及其特点

随着 AI 技术的飞速发展，图像生成技术发生了革命性变革。众多 AI 绘图工具如雨后春笋般地出现。如果现阶段不打算使用 AI 绘图工具或许不会有太大影响，但在未来两三年甚至更短时间内，使用 AI 绘图工具可能会成为设计师日常工作中必不可少的能力。这是无法逃避的发展趋势，我们应该用积极的心态去迎接新技术，借 AI 绘图工具提高我们的职业竞争力。AI 绘图工具主要具有以下特点。

1. 可以高效、高质量生成创意素材，简化工作流程

目前，AI 绘图工具生成的图片虽然不一定能直接使用，但可以快速生成具有一定美感和细节的图片，我们将 AI 图片进行修改调整后使用，能为形成符合要求的方案节省很多人力成本和时间成本。

2. AI 绘图具有不确定性，但可为设计师提供灵感

目前，AI 绘图像开盲盒一样，具有随机性，这是它的缺点，但这与创意行业中的头脑风暴很类似，因此可以用它来辅助创意设计，为自己提供灵感。

3. 想生成高质量作品，还需要设计师的专业能力

虽然 AI 绘图工具已经能大大提高设计效率，但是至少目前使用 AI 是无法完成一切的。比如在用户需求的把握、审美效果的契合、商业价值的体现等方面，还是需要专业设计师的把关，否则想通过 AI 绘图工具直接生成可用的作品是很难的。设计师可以把 AI 变成有力的助手，使自己的工作具有更开阔的创意空间和发展空间。

4. 技术进化的速度很快

AI 绘图技术的进化速度非常快，它对提示词的认识、理解能力在不断变化，所以本书案例中使用的提示词在几个月后再生成的图片，很可能会与书上图片的效果发生不小的变化，也就是说同样的提示词无法生成同样效果的图，这不像 Cinema 4D 这类制图软件，只要按照步骤进行，就可以生成完全一样的图。因此，切记学习 AI 绘图的方法，而不只是追求一模一样的结果。

总之，AI 绘图工具可以极大地提高设计师的工作效率，这可能会淘汰一部分设计师，但是会让具备美学素养和创意能力的优秀设计师更加优秀。下面简单介绍几个国内外出色的 AI 绘图工具，帮助大家快速了解这些工具的特性，以便在创作中选择适合自己的工具。

- Midjourney

Midjourney 可根据文本生成图像，其使用逻辑简单，技术要求相对较低，对刚入门 AI 绘图的新手友好。只需要在 Discord 平台中发送命令或图片及命令，即可生成具有艺术性和高级感的图片，可选风格多样。

- Stable Diffusion

Stable Diffusion 是一款深度学习文本生成图像的模型，可以在大多数配备有适度 GPU 的电脑硬件上进行本地部署。它可用于根据文本的描述生成细节度高的图像，也可以应用于其他任务，如图生图、内补绘制、外补绘制，以及基于图片内容反推生成提示词等，并且插件等外部拓展丰富，可操作性较强。

- DALL·E3

DALL·E3 是一个可以通过文本描述生成图像的 AI 绘图工具，可以配合 GPT 大语言模型运行，生成相应的图片，并可使用自然语言对话的形式对生成的画面进行调整。

- **文心一格**

文心一格是基于百度文心大模型的 AI 艺术创作辅助平台，于 2022 年 8 月发布。用户只需简单地输入一句话，并选择方向、风格、尺寸，文心一格就可以生成相应的画作。文心一格还能推荐更合适的风格效果，能自动生成多种风格的画作供用户参考。

- **即时设计**

即时设计推出的 AI 绘图插件，能让没有任何美术或设计功底的用户轻松创作图片。用户只要在即时设计中打开"即时 AI"，描述自己想要的画面，再构建基础图形、控制颜色、调整布局，平台就能根据用户给出的信息，快速生成相应的图片。

国内外出色的 AI 绘图工具很多，本书选择了国内的文心一格，将在第 10 章，通过一些基本的 AI 绘图方法的讲解与应用，帮助读者学习和体会将 AI 应用到三维设计中的具体效果。

1.4　Cinema 4D 2024 的基本操作

1.4.1　Cinema 4D 2024 的工作界面

学习使用 Cinema 4D 2024 时，首先应该熟悉软件的工作界面与布局。图 1-4 所示为该软件的工作界面。有关软件工作界面的详解，可扫描图 1-5 中的二维码观看视频。

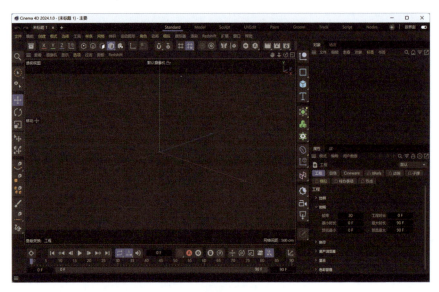

图 1-4

初识三维设计　第1章

图 1-5

1.4.2　对象选择

在大多数情况下，在 Cinema 4D 2024 中的任意对象上执行某个操作之前都要选中它们，也就是说选择操作是建模和设置动画的基础。Cinema 4D 2024 为用户提供了多种选择方式，有关对象选择操作的详解，可扫描图 1-6 中的二维码观看视频。

图 1-6

1.4.3　对象变换

变换操作可以改变对象的位置、方向和大小，但是不会改变对象的形状。Cinema 4D 2024 的"工具箱"为用户提供了多种用于对象变换的工具，有"移动"工具、"旋转"工具和"缩放"工具等，用户单击对应的按钮后即可在场景中进行相应的变换操作。有关对象变换操作的详解，可扫描图 1-7 中的二维码观看视频。

图 1-7

1.4.4　对象复制

在进行模型制作的过程中，经常需要在场景中摆放一些相同的模型，这时就可以使用"复制"命令来简化操作。有关对象复制操作的详解，可扫描图1-8中的二维码观看视频。

图 1-8

曲线建模

2.1 曲线建模概述

曲线建模指在三维软件中通过绘制曲线来制作立体模型，常常用于创建一些特殊的模型（如酒杯、曲别针等），如图2-1和图2-2所示。

图 2-1

图 2-2

2.2 曲线工具

在学习曲线建模之前，读者应了解 Cinema 4D 2024 为用户提供的曲线工具，如图2-3所示。那么如何在场景中创建曲线呢？有关创建曲线操作的视频可扫描图2-4中的二维码观看。

图 2-3

图 2-4

2.3 技术实例

2.3.1 实例：制作杯子模型

实例介绍

本实例主要讲解如何使用"样条画笔"工具制作杯子模型，其最终渲染效果如图2-5所示。

曲线建模 第2章

图 2-5

思路分析

制作实例前需要观察杯子的形态，然后使用"样条画笔"工具绘制出杯子的剖面线条，再以此为基础进行制作。

步骤演示

❶ 启动中文版 Cinema 4D 2024，单击界面左侧的"样条画笔"按钮，如图 2-6 所示。

❷ 在正视图中绘制出杯子的剖面线条，如图 2-7 所示。

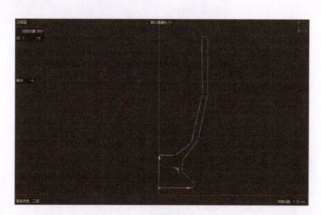

图 2-6　　　　　　　　　图 2-7

❸ 选择剖面线条上的所有顶点，如图 2-8 所示。单击鼠标右键并执行"柔性插值"命令，如图 2-9 所示，所选择的顶点两侧会出现控制柄，如图 2-10 所示。

013

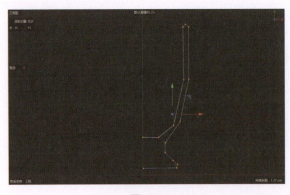

图 2-8

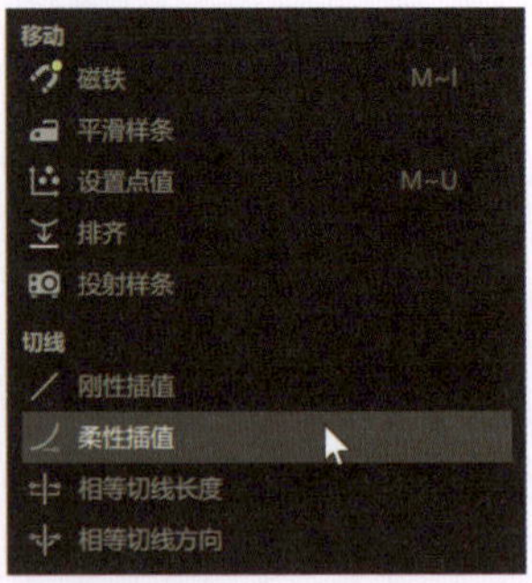

图 2-9

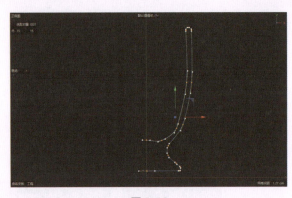

图 2-10

❹ 调整顶点两侧的控制柄来更改剖面线条的形状,制作出图 2-11 所示的曲线。

❺ 如果出现顶点画多了的情况,可以选中多余的顶点将其直接删除。如果想要在曲线上添加顶点,可以单击鼠标右键并执行"创建点"命令,如图 2-12 所示。

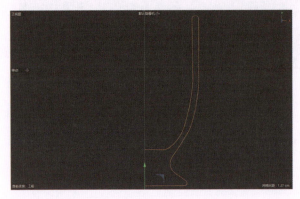

图 2-11

图 2-12

> 技巧与提示
>
> 本小节对应的教学视频还为读者详细讲解了添加顶点及删除顶点的操作技巧。

❻ 选择曲线，按住 Alt 键单击"旋转"按钮，如图 2-13 所示。得到杯子模型，结果如图 2-14 所示。

图 2-13　　　　　　　　　　图 2-14

❼ 在"对象"面板中查看场景中对象的名称，如图 2-15 所示。

❽ 选择场景中的杯子模型，单击鼠标右键并执行"转为可编辑对象"命令，如图 2-16 所示。

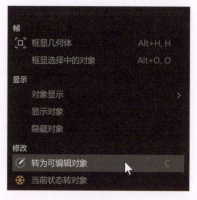

图 2-15　　　　　　　　　　图 2-16

❾ 在"对象"面板中更改模型的名称为"杯子",如图 2-17 所示。

本实例最终制作完成的模型如图 2-18 所示。

图 2-17

图 2-18

 技巧与提示

有关材质及灯光方面的设置,请读者阅读本书相关内容进行学习。

举一反三

学习完本实例后,读者还可以尝试制作形态较为相似的圆凳模型。

2.3.2 实例:制作罐子模型

实例介绍

本实例主要讲解如何使用曲线建模技术制作罐子模型,其最终渲染效果如图 2-19 所示。

图 2-19

> **思路分析**
>
> 制作实例前需要观察罐子的形态，然后使用"圆环"工具来制作罐子模型。

步骤演示

❶ 启动中文版 Cinema 4D 2024，单击"圆环"按钮，如图 2-20 所示，在场景中创建一个圆环图形。

❷ 在"属性"面板中设置圆环图形的"半径"为 3 cm，"平面"为 XZ，如图 2-21 所示。

图 2-20

图 2-21

❸ 设置完成后，单击鼠标右键并执行"框显选择中的对象"命令，如图 2-22 所示。圆环图形透视视图中的显示结果如图 2-23 所示。

图 2-22

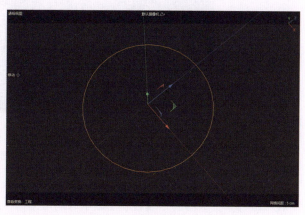

图 2-23

❹ 按住 Alt 键单击"放样"按钮，如图 2-24 所示，为圆环图形添加"放样"生成器，这时，圆环图形会变为圆片模型，如图 2-25 所示。

图 2-24

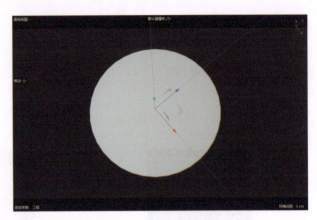

图 2-25

❺ 选择圆片模型,按住 Ctrl 键,使用"移动"工具将其向上移动,复制出一个圆片模型,这时,可以看到原本的圆片模型变成了圆柱体模型,如图 2-26 所示。

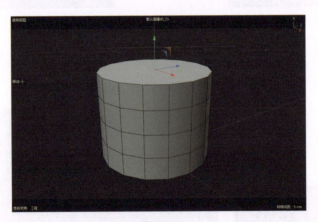

图 2-26

❻ 使用相同的操作步骤继续向上复制圆片模型,并调整圆片模型的大小,制作出罐子模型的基本形状,如图 2-27 所示。

❼ 在"放样"生成器的"属性"面板中取消勾选"终点",如图 2-28 所示。这样,罐子模型的罐口部分不会被封住,如图 2-29 所示。

❽ 按住 Alt 键单击"加厚"按钮,如图 2-30 所示,为罐子模型添加"加厚"生成器。

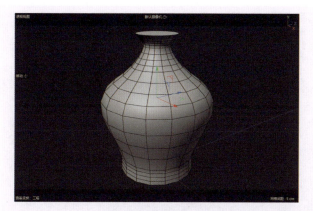

图 2-27

图 2-28

图 2-29

❾ 在"属性"面板中设置"加厚"生成器的"厚度"为 0.15 cm，"细分"为 1，如图 2-31 所示。制作出罐子模型的厚度，如图 2-32 所示。

图 2-30

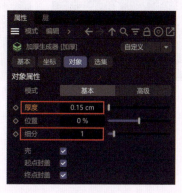

图 2-31

图 2-32

❿ 按住 Alt 键单击"细分曲面"按钮，如图 2-33 所示，使罐子模型更加平滑，如图 2-34 所示。

图 2-33　　　　　　　　　　图 2-34

⓫ 在"对象"面板中查看场景中对象的名称，如图 2-35 所示。

⓬ 选择场景中的罐子模型，单击鼠标右键并执行"转为可编辑对象"命令，如图 2-36 所示。

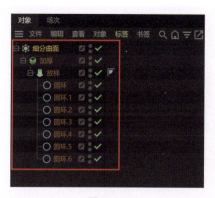

图 2-35

图 2-36

⓭ 在"对象"面板中更改模型的名称为"罐子",如图 2-37 所示。本实例最终制作完成的模型如图 2-38 所示。

图 2-37

图 2-38

学习完本实例后,读者可以尝试使用该方法制作其他形状的罐子、花瓶等模型。

2.3.3 实例:制作立体文字模型

实例介绍

本实例主要讲解如何使用曲线建模技术制作立体文字模型,其最终渲染效果如图 2-39 所示。

图 2-39

思路分析

制作实例前需要创建文本样条,然后使用"扫描"生成器来制作立体文字模型。

步骤演示

❶ 启动中文版 Cinema 4D 2024,单击"文本样条"按钮,如图 2-40 所示,在场景中创建一个文本样条,如图 2-41 所示。

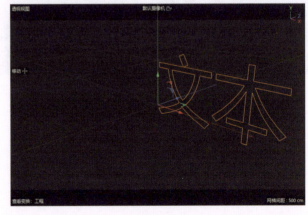

图 2-40　　　　　　　　　　　图 2-41

❷ 在"属性"面板的"文本样条"文本框内输入 OK,设置"字体"为 Arial Black,"高度"为 30 cm,如图 2-42 所示。

设置完成后,文本样条透视视图中的显示结果如图 2-43 所示。

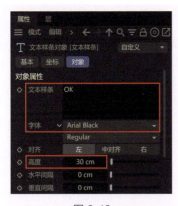

图 2-42　　　　　　　　　　　图 2-43

❸ 单击"螺旋线"按钮，如图 2-44 所示，在场景中创建一个螺旋线图形。

❹ 在"属性"面板中设置螺旋线图形的"起始半径"为 50 cm，"终点半径"为 10 cm，"高度"为 100 cm，"平面"为 XZ，如图 2-45 所示。

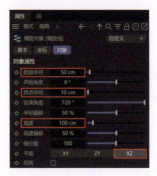

图 2-44　　　　　　　　　　　图 2-45

设置完成后，螺旋线图形透视视图中的显示结果如图 2-46 所示。

图 2-46

❺ 单击"扫描"按钮，如图 2-47 所示，在场景中创建一个"扫描"生成器。
❻ 在"对象"面板中将文本样条和螺旋线图形分别设置为"扫描"生成器的子对象，如图 2-48 所示。

图 2-47

图 2-48

> **技巧与提示**
>
> "对象"面板中的"文本样条"和"螺旋线"对象的上下位置会对"扫描"生成器生成的模型产生影响。

设置完成后，"扫描"生成器生成的立体文字模型如图 2-49 所示。

❼ 在"对象"面板中选择"螺旋线"对象，在"属性"面板中设置"终点半径"为 30 cm，"高度"为 200 cm，"高度偏移"为 18%，如图 2-50 所示。

图 2-49

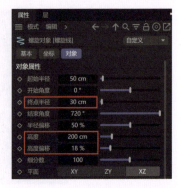

图 2-50

本实例最终制作完成的模型如图 2-51 所示。

图 2-51

 学习完本实例后，读者可以尝试使用该方法制作其他形态的文字模型。

2.3.4 实例：制作多用途钩模型

实例介绍

本实例主要讲解如何使用曲线建模技术制作多用途钩模型，其最终渲染效果如图 2-52 所示。

图 2-52

思路分析

制作实例前需要使用多个图形制作出钩子的大概形态，然后使用曲线建模技术来制作多用途钩模型。

> 步骤演示

❶ 启动中文版 Cinema 4D 2024，单击"圆环"按钮，如图 2-53 所示，在场景中创建一个圆环图形。

❷ 在"属性"面板中设置圆环图形的"半径"为 3 cm，如图 2-54 所示。

图 2-53

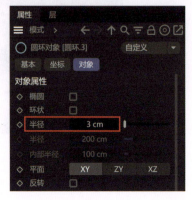

图 2-54

❸ 设置完成后，单击鼠标右键并执行"框显选择中的对象"命令，如图 2-55 所示。

圆环图形正视图中的显示结果如图 2-56 所示。

图 2-55

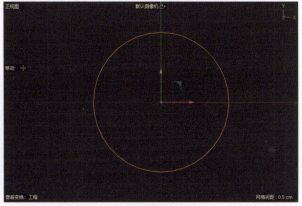

图 2-56

❹ 按住 Ctrl 键，使用"移动"工具向下复制圆环图形至图 2-57 所示的位置。

❺ 在"属性"面板中设置下方的圆环图形的"半径"为 2 cm，如图 2-58 所示。

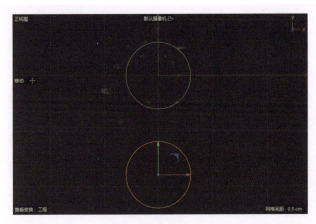
图 2-57

图 2-58

设置完成后，圆环图形正视图中的显示结果如图 2-59 所示。

❻ 单击"螺旋线"按钮，如图 2-60 所示，在场景中创建一个螺旋线图形。

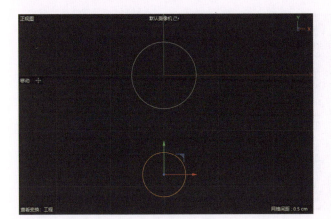
图 2-59

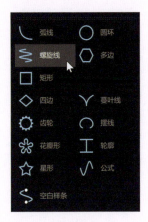
图 2-60

❼ 在"属性"面板中设置螺旋线图形的"起始半径"为 0.5 cm，"开始角度"为 0°，"终点半径"为 0.5 cm，"结束角度"为 1500°，"高度"为 3 cm，"细分数"为 30，"平面"为 XZ，如图 2-61 所示。

❽ 设置完成后调整其位置，效果如图 2-62 所示。

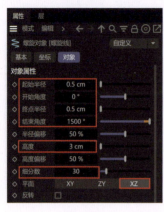
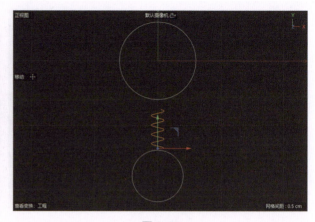

图 2-61　　　　　　　　　　　　　图 2-62

❾ 单击"样条画笔"按钮，如图 2-63 所示，在正视图中绘制一条直线段，如图 2-64 所示。

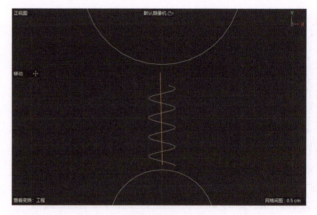

图 2-63　　　　　　　　　　　　　图 2-64

❿ 观察场景，可以看到 4 个图形拼成了多用途钩模型的大概形状，如图 2-65 所示。

⓫ 在正视图中选择上方的圆环图形，单击鼠标右键并执行"转为可编辑对象"命令，如图 2-66 所示，将其转为可编辑对象。

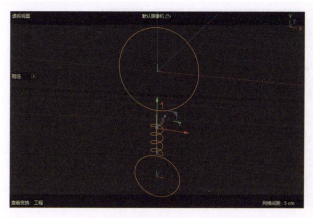

图 2-65　　　　　　　　　　　　图 2-66

⑫ 切换到"点"模式，单击鼠标右键并执行"创建点"命令，如图 2-67 所示，在图 2-68 所示的位置添加一个顶点。

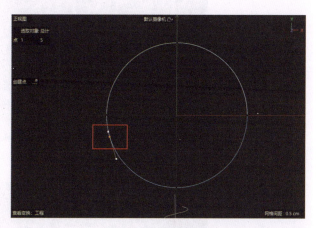

图 2-67　　　　　　　　　　　　图 2-68

⑬ 选择刚才添加的顶点，单击鼠标右键并执行"断开连接"命令，如图 2-69 所示。

⑭ 选择图 2-70 所示的顶点，将其删除，得到图 2-71 所示的曲线。

⑮ 选择下方的圆环图形，如图 2-72 所示，单击鼠标右键并执行"转为可编辑对象"命令，将其转为可编辑对象。

图 2-69

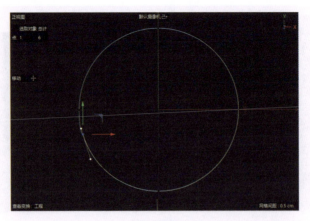

图 2-70

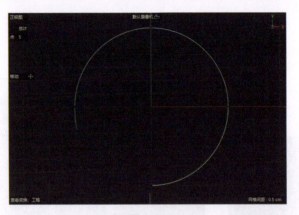

图 2-71

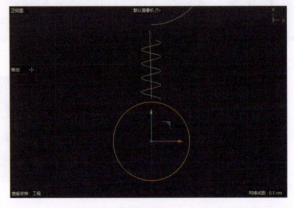

图 2-72

⓰ 执行"创建点"命令,在图 2-73 所示的位置添加顶点。

⓱ 选择刚才添加的顶点,单击鼠标右键并执行"断开连接"命令,如图 2-74 所示。

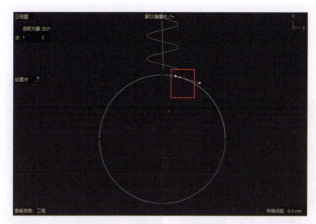

图 2-73

图 2-74

⑱ 选择图 2-75 所示的顶点,将其删除,得到图 2-76 所示的曲线。

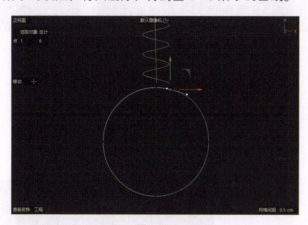

图 2-75

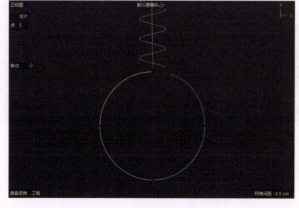

图 2-76

⑲ 选择场景中的所有曲线和直线段，如图 2-77 所示。单击鼠标右键并执行"连接对象 + 删除"命令，如图 2-78 所示。

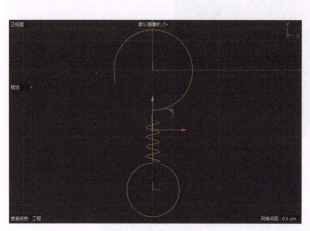

图 2-77　　　　　　　　　　　　　　图 2-78

⑳ 观察"对象"面板，看到场景中的 3 条曲线和 1 条直线段合并为了 1 条曲线，如图 2-79 所示。

㉑ 选择图 2-80 所示的两个顶点，单击鼠标右键并执行"焊接"命令，如图 2-81 所示，得到图 2-82 所示的曲线。

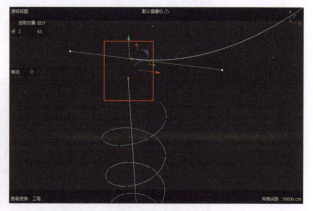

图 2-79　　　　　　　　　　　　　　图 2-80

㉒ 选择图 2-83 所示的顶点，单击鼠标右键并执行"倒角"命令，如图 2-84 所示，制作出图 2-85 所示的倒角效果。

曲线建模 第2章

图 2-81

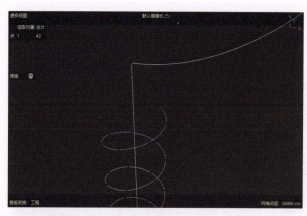

图 2-82

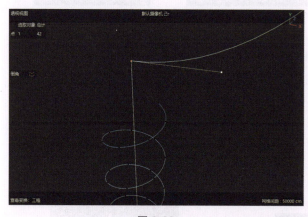

图 2-83

图 2-84

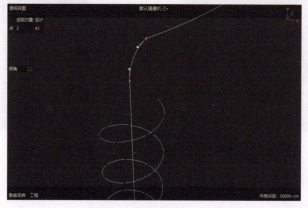

图 2-85

033

㉓ 使用相同的操作步骤制作出多用途钩模型底部的形状，如图2-86所示。
㉔ 单击"圆环"按钮，如图2-87所示，在场景中创建一个圆环图形。

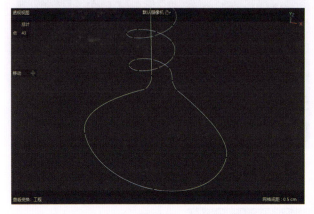

图2-86　　　　　　　　　　　图2-87

㉕ 在"属性"面板中设置圆环图形的"半径"为0.3 cm，如图2-88所示。
㉖ 单击"扫描"按钮，如图2-89所示，在场景中创建一个"扫描"生成器。

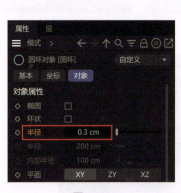

图2-88　　　　　　　　　　　图2-89

㉗ 在"对象"面板中将名称为"样条"和"圆环"的对象设置为"扫描"生成器的子对象，如图2-90所示。

设置完成后，多用途钩模型正视图中的显示结果如图2-91所示。

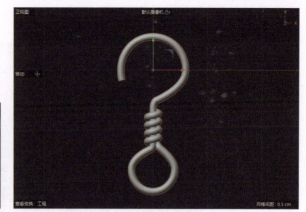

图 2-90　　　　　　　　　　图 2-91

㉘ 选择多用途钩模型，在"属性"面板中设置其"尺寸"为 0.1 cm，如图 2-92 所示。为钩子的边缘添加倒角效果。图 2-93 展示了"尺寸"为 0 cm 和 0.1 cm 的多用途钩模型的对比效果。

图 2-92

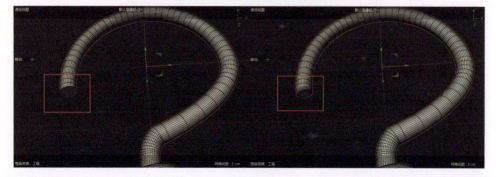

图 2-93

本实例最终制作完成的模型如图 2-94 所示。

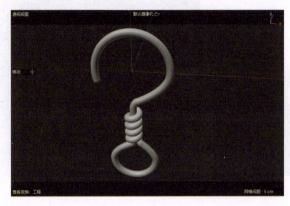

图 2-94

学习完本实例后，读者可以尝试使用该方法制作其他铁丝工艺制品模型。

2.3.5 实例：制作香蕉模型

实例介绍

本实例主要讲解如何使用曲线建模技术来制作香蕉模型，其最终渲染效果如图 2-95 所示。

图 2-95

思路分析

制作实例前需要观察香蕉的形态，然后使用曲线建模技术来制作香蕉模型。

 步骤演示

① 启动中文版 Cinema 4D 2024，单击"多边"按钮，如图 2-96 所示，在场景中创建一个多边图形。

② 在"属性"面板中设置多边图形的"半径"为 2cm，勾选"圆角"，设置圆角的"半径"为 0.5 cm，如图 2-97 所示。

图 2-96

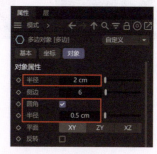

图 2-97

设置完成后，多边图形透视视图中的显示结果如图 2-98 所示。

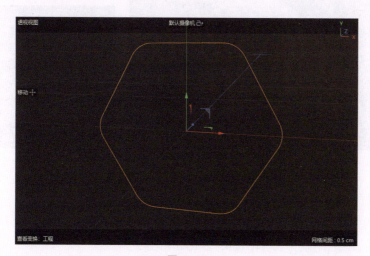

图 2-98

③ 按住 Alt 键单击"放样"按钮，如图 2-99 所示，为多边图形添加"放样"生成器，这时，多边图形会变为面片模型，如图 2-100 所示。

图 2-99

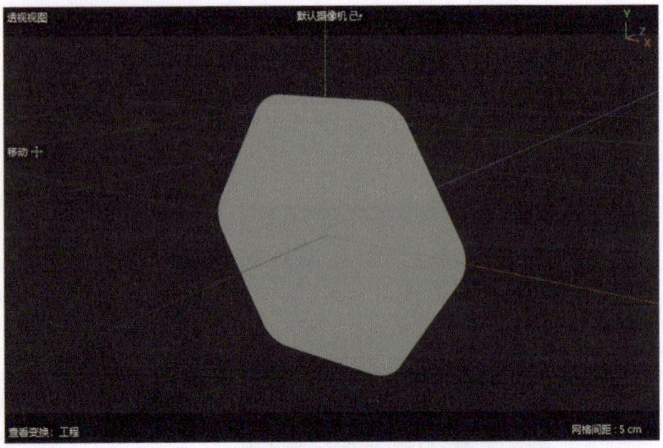

图 2-100

❹ 选择面片模型，按住 Ctrl 键，配合"移动"工具多次复制面片模型并调整其位置和方向，制作出香蕉模型，如图 2-101 所示。

❺ 在"属性"面板中设置"放样"生成器的"细分 U"为 36，如图 2-102 所示。

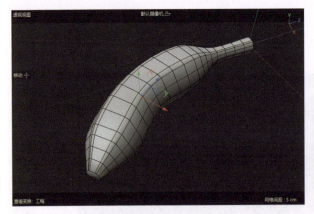

图 2-101

图 2-102

设置完成后，香蕉模型的线条效果如图 2-103 所示。

❻ 在"属性"面板中展开"放样"生成器的"两者均倒角"卷展栏，设置"尺寸"为 0.15 cm，"细分"为 4，如图 2-104 所示。

设置完成后，香蕉模型的尖头处如图 2-105 所示。

❼ 选择场景中的香蕉模型，单击鼠标右键并执行"转为可编辑对象"命令，如图 2-106 所示。

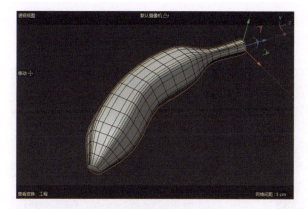
图 2-103

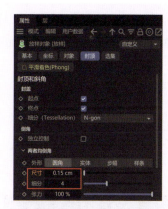
图 2-104

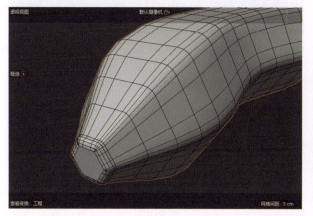
图 2-105

图 2-106

> **技巧与提示**
>
> 　　也可以执行"连接对象 + 删除"命令，如图 2-107 所示，得到的模型与执行"转为可编辑对象"命令得到的模型相同。

图 2-107

❽ 在"对象"面板中更改模型的名称为"香蕉",如图 2-108 所示。

本实例最终制作完成的模型如图 2-109 所示。

图 2-108　　　　　　　　　　　图 2-109

> 举一反三　学习完本实例后,读者可以尝试使用该方法制作形体相似的牙膏软管、洗面奶瓶等模型。

2.3.6　实例:制作果盘模型

实例介绍

本实例主要讲解如何使用曲线建模技术来制作果盘模型,其最终渲染效果如图 2-110 所示。

图 2-110

思路分析

制作实例前需要使用多个图形制作出果盘的大概形态,然后使用曲线建模技术来制作果盘模型。

步骤演示

① 启动中文版 Cinema 4D 2024，单击"星形"按钮，如图 2-111 所示，在场景中创建一个星形图形。

② 在"属性"面板中设置星形图形的"内部半径"为 4 cm，"外部半径"为 5 cm，"平面"为 XZ，如图 2-112 所示。

图 2-111

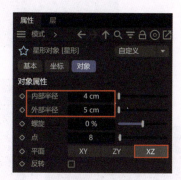

图 2-112

设置完成后，星形图形透视视图中的显示结果如图 2-113 所示。

③ 选择星形图形，单击鼠标右键并执行"转为可编辑对象"命令，如图 2-114 所示。

图 2-113

图 2-114

④ 切换到"点"模式，选择星形图形上的所有顶点，如图 2-115 所示。

⑤ 单击鼠标右键并执行"倒角"命令，如图 2-116 所示，制作出图 2-117 所示的曲线。

041

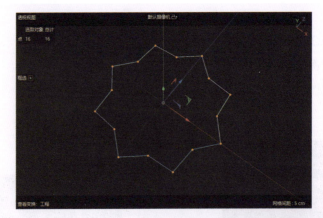

图 2-115

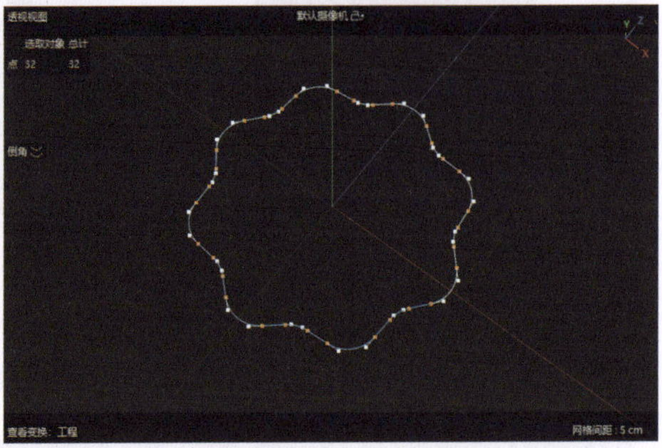

图 2-116

图 2-117

❻ 单击"圆环"按钮，如图 2-118 所示，在场景中创建一个圆环图形。

❼ 在"属性"面板中设置圆环图形的"半径"为 3.5 cm，"平面"为 XZ，如图 2-119 所示。

图 2-118

图 2-119

设置完成后，圆环图形透视视图中的显示结果如图 2-120 所示。

❽ 再次创建一个圆环图形，在"属性"面板中设置其"半径"为 1 cm，"平面"为 XZ，如图 2-121 所示。

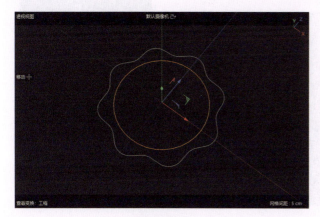
图 2-120

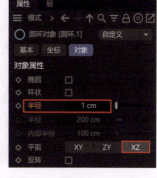
图 2-121

设置完成后，圆环图形透视视图中的显示结果如图 2-122 所示。

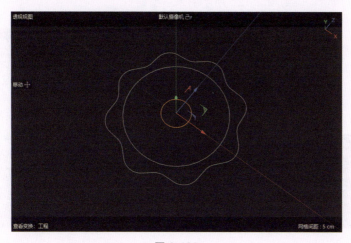
图 2-122

❾ 在场景中调整星形图形的位置，如图 2-123 所示。

❿ 单击"放样"按钮，如图 2-124 所示，在场景中创建一个"放样"生成器。

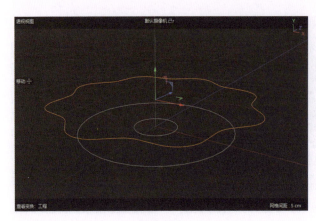

图 2-123　　　　　　　　　　　　图 2-124

⓫ 在"对象"面板中将场景中的 3 个图形分别设置为"放样"生成器的子对象，如图 2-125 所示，得到图 2-126 所示的果盘模型。

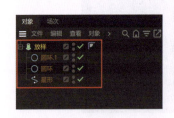
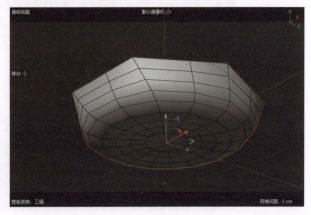

图 2-125　　　　　　　　　　　　图 2-126

⓬ 在场景中选择果盘模型，调整其角度，如图 2-127 所示，修正果盘模型边缘的扭曲。

⓭ 选择果盘模型，在"属性"面板中设置"细分 U"为 80，如图 2-128 所示，得到图 2-129 所示的模型。

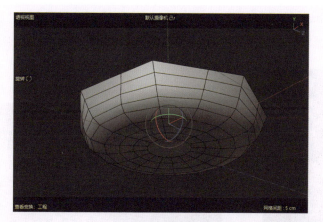

图 2-127

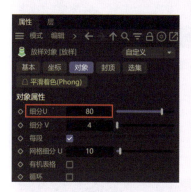

图 2-128

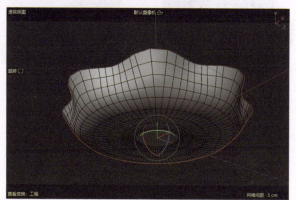

图 2-129

⑭ 在"属性"面板中取消勾选"终点",如图 2-130 所示。果盘模型透视视图中的显示结果如图 2-131 所示。

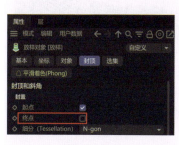

图 2-130

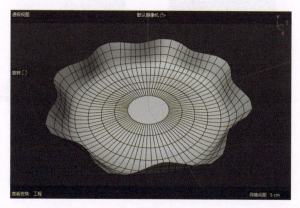

图 2-131

⑮ 按住 Alt 键单击"加厚"按钮，如图 2-132 所示，为果盘模型添加"加厚"生成器。

⑯ 在"属性"面板中设置"加厚"生成器的"厚度"为 0.2 cm，效果如图 2-133 所示。

图 2-132

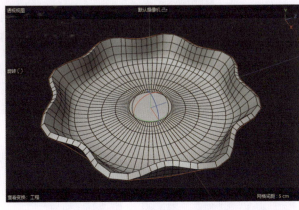

图 2-133

⑰ 按住 Alt 键单击"细分曲面"按钮，如图 2-134 所示，使果盘模型更加平滑。本实例最终制作完成的模型如图 2-135 所示。

图 2-134

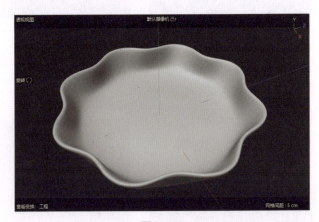

图 2-135

学习完本实例后，读者可以尝试使用该方法制作形状相似的其他盘子模型。

第3章 多边形建模

3.1 多边形建模概述

大多数三维软件都有多种建模方式供广大建模师选择，Cinema 4D 也不例外。学习了上一章之后，读者对曲线建模有了大概的了解，接下来介绍多边形建模技术。经过几十年的发展，多边形建模技术如今被广泛用于电影、游戏、虚拟现实等领域动画模型的制作。图 3-1 和图 3-2 所示的大部分模型均为笔者使用多边形建模技术制作的。

图 3-1

图 3-2

3.2 创建多边形对象

在学习多边形建模之前,读者应了解 Cinema 4D 2024 为用户提供的多边形工具,如图 3-3 所示。那么如何在场景中创建多边形对象呢？有关创建多边形对象的视频可扫描图 3-4 中的二维码观看。

图 3-3

图 3-4

3.3 技术实例

3.3.1 实例：制作石膏模型

实例介绍

本实例主要讲解如何使用多边形工具来制作石膏模型,其最终渲染效果如图 3-5 所示。

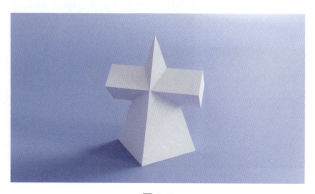

图 3-5

> **思路分析**
>
> 制作实例前可以多观察现实中的石膏模型，再思考使用哪些工具来进行制作。

步骤演示

❶ 启动中文版 Cinema 4D 2024，单击"金字塔"按钮，如图 3-6 所示，在场景中创建一个金字塔模型。

❷ 在"属性"面板中设置金字塔模型的"尺寸"为（12 cm，22 cm，12 cm），如图 3-7 所示。

图 3-6

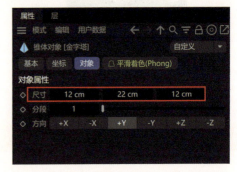

图 3-7

❸ 在"变换"卷展栏中设置 P.Y 为 11 cm，如图 3-8 所示。
设置完成后，金字塔模型透视视图中的显示结果如图 3-9 所示。

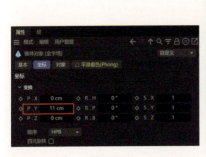

图 3-8

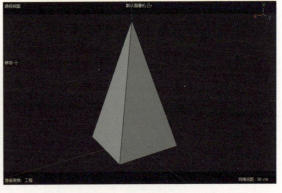

图 3-9

❹ 单击"立方体"按钮，如图 3-10 所示，在场景中创建一个立方体模型。

❺ 在"属性"面板中设置立方体模型的"尺寸.X"为 5 cm,"尺寸.Y"为 5 cm,"尺寸.Z"为 18 cm,如图 3-11 所示。

❻ 在"变换"卷展栏中设置 P.Y 为 12.6 cm,R.H 为 45°,R.B 为 45°,如图 3-12 所示。

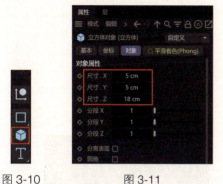
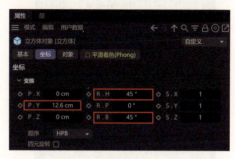

图 3-10　　　　图 3-11　　　　　　　　图 3-12

> 技巧与提示
>
> 读者可以观看本小节对应的教学视频来学习旋转和移动模型的操作技巧。

设置完成后,一个由立方体模型和金字塔模型组成的石膏模型就制作完成了,如图 3-13 所示。

❼ 在"对象"面板中查看场景中模型的名称,如图 3-14 所示。

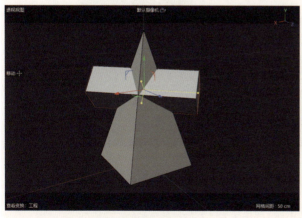

图 3-13　　　　　　　　　图 3-14

❽ 在场景中选中立方体模型和金字塔模型,单击鼠标右键并执行"连接对象 + 删除"命令,如图 3-15 所示。这样,所选择的两个模型就会合并为一个模型。

验证码:33463

❾ 在"对象"面板中更改模型的名称为"四面锥贯穿",如图 3-16 所示。

图 3-15

图 3-16

本实例最终制作完成的模型如图 3-17 所示。

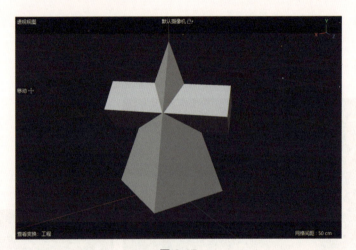

图 3-17

学习完本实例后,读者可以尝试使用该方法制作其他简单的石膏模型。

3.3.2 实例：制作吧台凳模型

▣ 实例介绍

本实例主要讲解如何使用多边形建模技术来制作吧台凳模型，其最终渲染效果如图 3-18 所示。

图 3-18

▣ 思路分析

先使用"平面"工具制作出吧台凳的大概形态，然后再对其进行编辑，完成整个吧台凳模型。

▣ 步骤演示

❶ 启动中文版 Cinema 4D 2024，单击"平面"按钮，如图 3-19 所示，在场景中创建一个平面模型。

❷ 在"属性"面板中设置平面模型的"宽度"为 40 cm，"高度"为 40 cm，"宽度分段"为 1，"高度分段"为 1，如图 3-20 所示。

图 3-19

图 3-20

设置完成后，平面模型透视视图中的显示结果如图 3-21 所示。

❸ 选择平面模型，单击鼠标右键并执行"转为可编辑对象"命令，如图3-22所示。

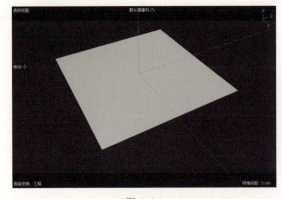
图 3-21

图 3-22

❹ 选择图3-23所示的边线，按住 Ctrl 键向上拖动，挤出一个面，如图3-24所示。

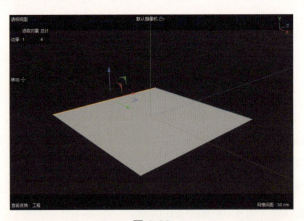
图 3-23

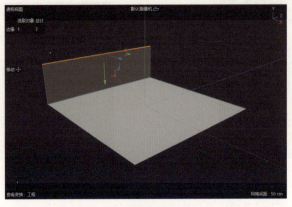
图 3-24

❺ 选择图 3-25 所示的边线，按住 Ctrl 键向下拖动，挤出一个面，如图 3-26 所示。

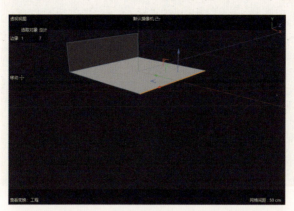

图 3-25

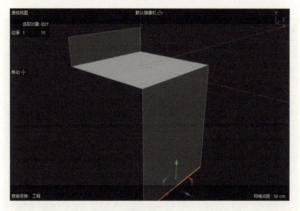

图 3-26

❻ 选择图 3-27 所示的边线，使用"倒角"工具制作出图 3-28 所示的效果。

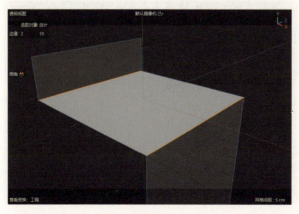

图 3-27

图 3-28

❼ 选择图 3-29 所示的顶点，使用"倒角"工具制作出图 3-30 所示的效果。

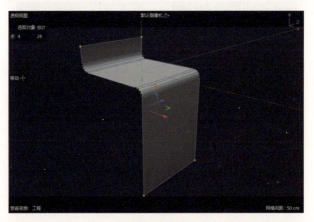

图 3-29

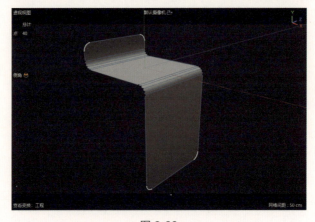

图 3-30

⑧ 选择图 3-31 所示的边线，单击鼠标右键并执行"提取样条"命令，如图 3-32 所示。

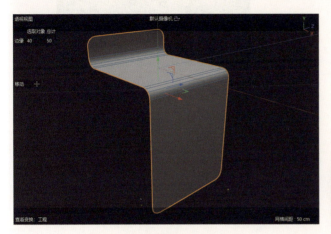

图 3-31　　　　　　　　　　　　　　　图 3-32

提取出来的样条如图 3-33 所示。

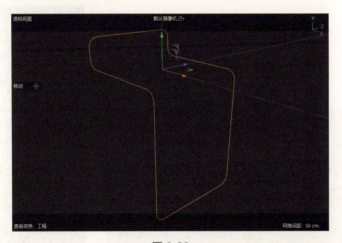

图 3-33

⑨ 单击"矩形"按钮，如图 3-34 所示，在场景中创建一个矩形图形。
⑩ 在"属性"面板中设置矩形图形的"宽度"为 2 cm，"高度"为 4 cm，勾选"圆角"，设置"半径"为 0.4 cm，"点插值方式"为"自然"，"数量"为 2，如图 3-35 所示。

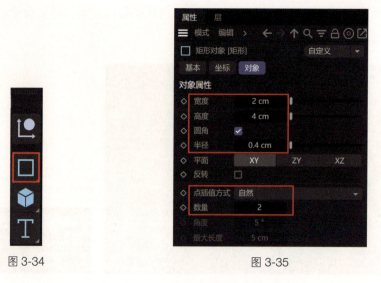

图 3-34　　　　　　　　　图 3-35

设置完成后，矩形图形透视视图中的显示结果如图 3-36 所示。

⓫ 单击"扫描"按钮，如图 3-37 所示，在场景中创建一个"扫描"生成器。

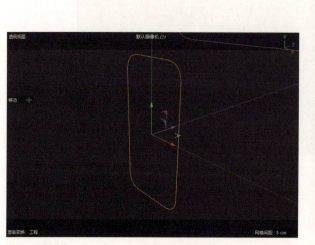

图 3-36　　　　　　　　　图 3-37

⓬ 在"对象"面板中将之前制作好的样条和矩形设置为"扫描"生成器的子对象，如图 3-38 所示，制作出吧台凳模型的金属边框，如图 3-39 所示。

图 3-38

图 3-39

⓭ 选择图 3-40 所示的面,将其删除,得到图 3-41 所示的模型。

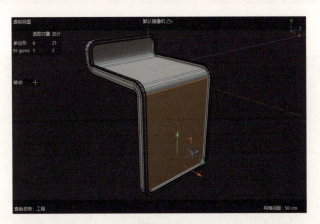

图 3-40

图 3-41

⑭ 选择图3-42所示的边线，按住Ctrl键向下拖动，挤出一个面，如图3-43所示。

图3-42

图3-43

⑮ 切换到"模型"模式，按住Alt键单击"加厚"按钮，如图3-44所示，为模型添加"加厚"生成器。

⑯ 在"属性"面板中设置"加厚"生成器的"厚度"为1cm，如图3-45所示。

图 3-44   图 3-45

设置完成后，增加了厚度的凳面模型透视视图中的显示结果如图 3-46 所示。

⑰ 单击"圆柱体"按钮，如图 3-47 所示，在场景中创建一个圆柱体模型作为凳腿。

图 3-46   图 3-47

⑱ 在"属性"面板中设置圆柱体模型的"半径"为 20 cm，"高度"为 2 cm，"高度分段"为 1，"旋转分段"为 16，如图 3-48 所示。

⑲ 设置完成后调整圆柱体模型的位置，如图 3-49 所示。

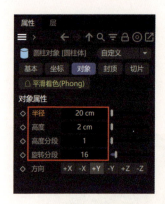
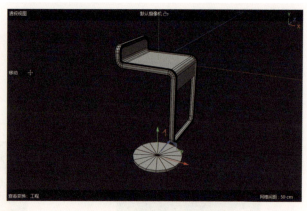

图 3-48　　　　　　　　　图 3-49

⑳ 选择圆柱体模型，按 C 键，将其转为可编辑对象。选择图 3-50 所示的面，使用"嵌入"工具制作出图 3-51 所示的效果。

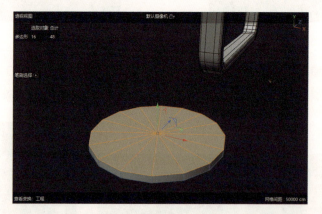

图 3-50

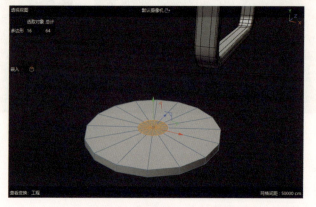

图 3-51

㉑ 使用"挤压"工具对选择的面进行多次挤压,制作出图3-52所示的模型。

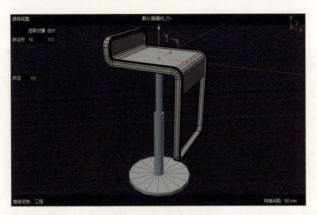

图 3-52

㉒ 选择图3-53所示的边线,使用"倒角"工具制作出图3-54所示的效果。

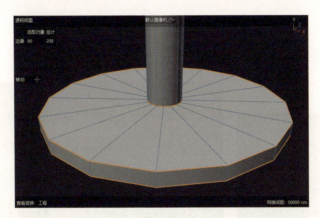

图 3-53

图 3-54

㉓ 选择凳腿模型,按住 Alt 键单击"细分曲面"按钮,如图 3-55 所示,使其更平滑。制作完成的凳腿模型如图 3-56 所示。

图 3-55　　　　　　　　　图 3-56

㉔ 观察"对象"面板,可以看到场景中的所有对象的名称,如图 3-57 所示。本实例最终制作完成的模型如图 3-58 所示。

图 3-57　　　　　　　　　图 3-58

学习完本实例后,读者可以尝试使用该方法制作形态相似的其他凳子模型。

3.3.3 实例：制作塑料桶模型

实例介绍

本实例主要讲解如何使用多边形建模技术来制作塑料桶模型，其最终渲染效果如图3-59所示。

图 3-59

思路分析

先使用"圆柱体"工具制作出塑料桶的大概形态，然后再对其进行编辑，制作出塑料桶的细节。

步骤演示

❶ 启动中文版 Cinema 4D 2024，单击"圆柱体"按钮，如图3-60所示，在场景中创建一个圆柱体模型。

❷ 在"属性"面板中设置圆柱体模型的"半径"为15 cm，"高度"为30 cm，"高度分段"为4，"旋转分段"为20，如图3-61所示。

图 3-60

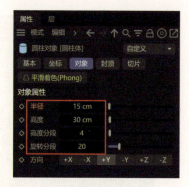

图 3-61

设置完成后，圆柱体模型透视视图中的显示结果如图3-62所示。

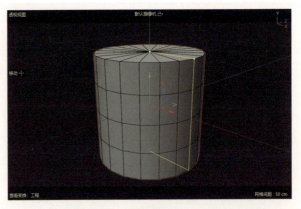

图 3-62

❸ 选择圆柱体模型，按 C 键，将其转为可编辑对象。选择图 3-63 所示的面，将其删除，得到图 3-64 所示的模型。

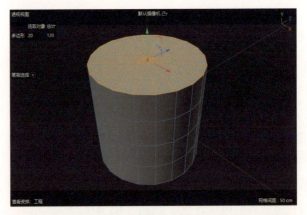

图 3-63

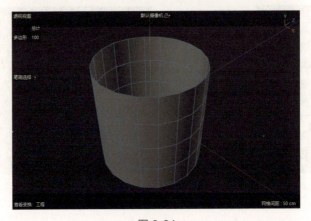

图 3-64

❹ 选择图 3-65 所示的边线，按住 Ctrl 键，使用"移动"工具向上挤出多个面，如图 3-66 所示。

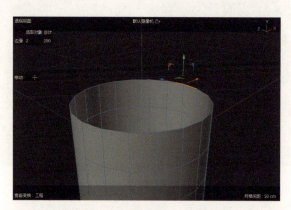

图 3-65

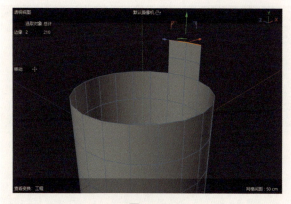

图 3-66

❺ 选择图 3-67 所示的顶点，使用"倒角"工具制作出图 3-68 所示的效果。

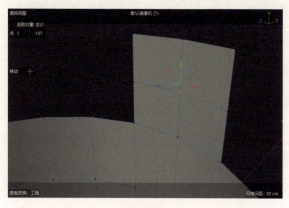

图 3-67

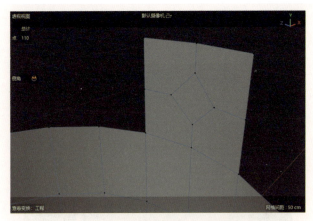

图 3-68

❻ 选择图 3-69 所示的面,将其删除,得到图 3-70 所示的模型。

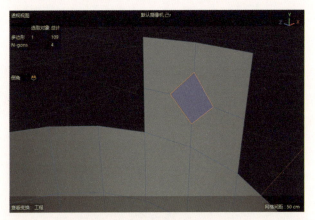

图 3-69

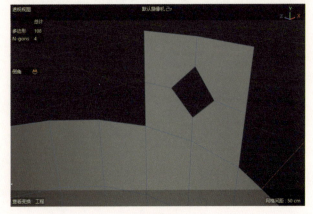

图 3-70

❼ 切换到"模型"模式,选择塑料桶模型,按住 Alt 键单击"加厚"按钮,如图 3-71 所示,为塑料桶模型添加"加厚"生成器。

❽ 在"属性"面板中设置"加厚"生成器的"厚度"为 0.3 cm,"细分"为 1,如图 3-72 所示。

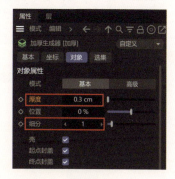

图 3-71　　　　　　　　　　　图 3-72

设置完成后,塑料桶模型透视视图中的显示结果如图 3-73 所示。

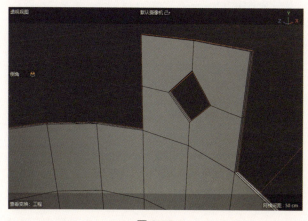

图 3-73

❾ 选择塑料桶模型,按住 Alt 键单击"细分曲面"按钮,如图 3-74 所示,使模型更平滑。

本实例最终制作完成的模型如图 3-75 所示。

图 3-74

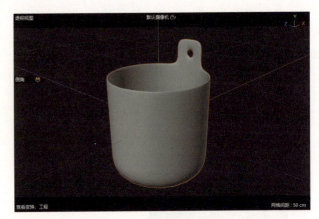

图 3-75

 学习完本实例后，读者可以尝试使用该方法制作形态相似的其他桶状模型。

3.3.4 实例：制作儿童凳模型

本实例主要讲解如何使用多边形建模技术来制作儿童凳模型，其最终渲染效果如图 3-76 所示。

图 3-76

思路分析

先使用"立方体"工具制作出儿童凳的大概形态，然后再对其进行编辑，制作出儿童凳的细节。

多边形建模　第 3 章

▶ 步骤演示

❶ 启动中文版 Cinema 4D 2024，单击"立方体"按钮，如图 3-77 所示，在场景中创建一个立方体模型。

❷ 在"属性"面板中设置立方体模型的"尺寸.X"为 33 cm，"尺寸.Y"为 25 cm，"尺寸.Z"为 26 cm，如图 3-78 所示。

图 3-77

图 3-78

设置完成后，立方体模型透视视图中的显示结果如图 3-79 所示。

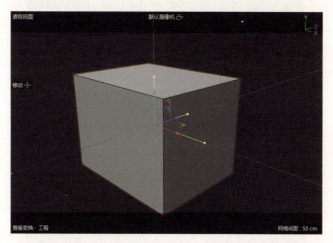

图 3-79

❸ 选择立方体模型，按 C 键，将其转为可编辑对象。选择图 3-80 所示的面，使用"缩放"工具对其进行缩放，制作出图 3-81 所示的模型。

❹ 使用"循环/路径切割"工具在立方体模型的 X 轴向和 Z 轴向上添加边线，如图 3-82 所示。

071

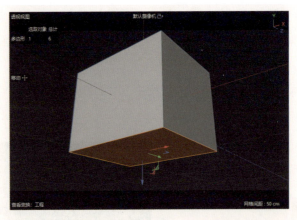

图 3-80

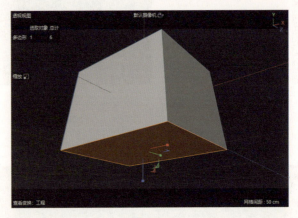

图 3-81

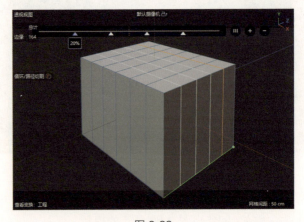

图 3-82

❺ 再次使用"循环/路径切割"工具在立方体模型的 Y 轴向上添加边线，如图 3-83 所示。

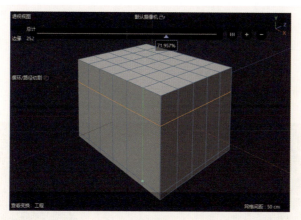

图 3-83

❻ 选择图 3-84 所示的面,将其删除,另外两个侧面同理,得到图 3-85 所示的模型。

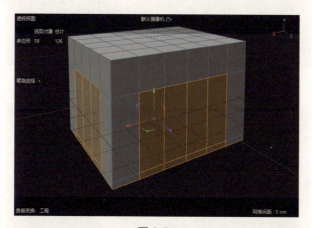

图 3-84

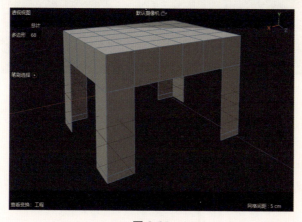

图 3-85

> **技巧与提示**
> 选择模型上连续的多个面时，使用"笔刷选择"工具会更加方便。

❼ 选择图3-86所示的面，将其删除，得到图3-87所示的模型。

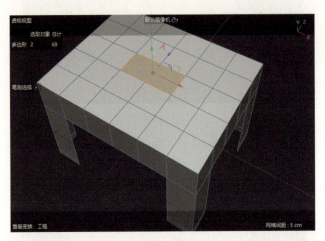

图3-86

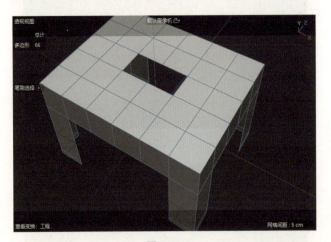

图3-87

❽ 选择图3-88所示的边线，按住Ctrl键，配合"移动"工具向下挤出面，如图3-89所示。

❾ 切换到"模型"模式，选择儿童凳模型，按住Alt键单击"加厚"按钮，如图3-90所示，为模型添加"加厚"生成器。

❿ 在"属性"面板中设置"加厚"生成器的"厚度"为0.3 cm，"细分"为1，如图3-91所示。

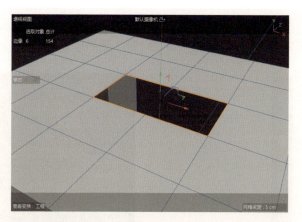

图 3-88

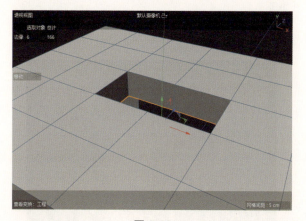

图 3-89

图 3-90

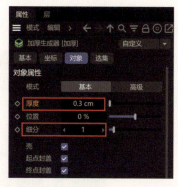

图 3-91

⑪ 选择儿童凳模型，按住 Alt 键单击"细分曲面"按钮，如图 3-92 所示，为模型添加"细分曲面"生成器。

⑫ 在"属性"面板中设置"细分曲面"生成器的"视窗细分"为3,"渲染器细分"为3,如图3-93所示。

图 3-92

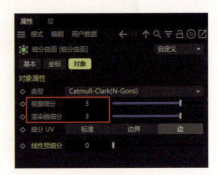

图 3-93

设置完成后,儿童凳透视视图中的显示结果如图3-94所示。

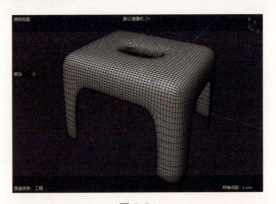

图 3-94

本实例最终制作完成的模型如图3-95所示。

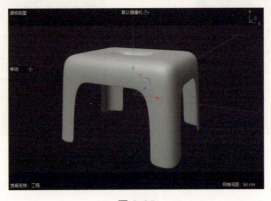

图 3-95

多边形建模 第3章

学习完本实例后，读者可以尝试使用该方法制作形态相似的其他凳子模型。

3.3.5 实例：制作马克杯模型

🔧 **实例介绍**

本实例主要讲解如何使用多边形建模技术来制作马克杯模型，其最终渲染效果如图 3-96 所示。

图 3-96

🔧 **思路分析**

先使用"圆柱体"工具制作出马克杯的大概形态，然后再对其进行编辑，制作出马克杯的细节。

▶ **步骤演示**

❶ 启动中文版 Cinema 4D 2024，单击"圆柱体"按钮，如图 3-97 所示，在场景中创建一个圆柱体模型。

❷ 在"属性"面板中设置圆柱体模型的"半径"为 4 cm，"高度"为 8 cm，"高度分段"为 3，"旋转分段"为 25，如图 3-98 所示。

图 3-97

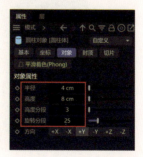

图 3-98

设置完成后，圆柱体模型透视视图中的显示结果如图3-99所示。

图 3-99

❸ 选择圆柱体模型，按C键，将其转为可编辑对象。选择图3-100所示的面，将其删除，得到图3-101所示的模型。

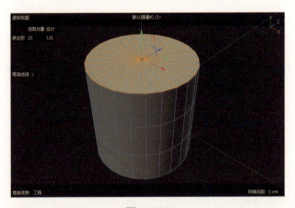

图 3-100

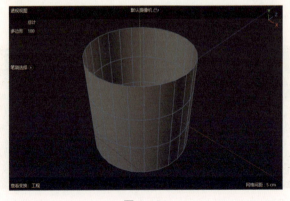

图 3-101

❹ 使用"缩放"工具和"移动"工具调整模型的形态，如图 3-102 所示。

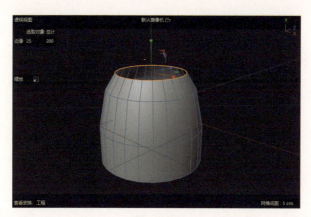

图 3-102

❺ 选择图 3-103 所示的边线，使用"倒角"工具制作出图 3-104 所示的模型。

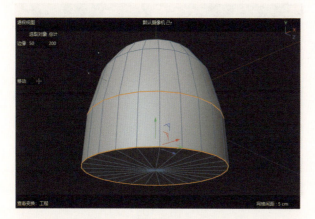

图 3-103

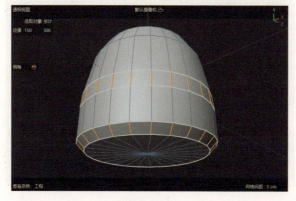

图 3-104

❻ 使用"缩放"工具和"移动"工具调整模型的形态，如图 3-105 所示。

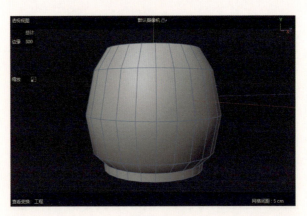

图 3-105

❼ 选择图 3-106 所示的边线，使用"倒角"工具制作出图 3-107 所示的模型。

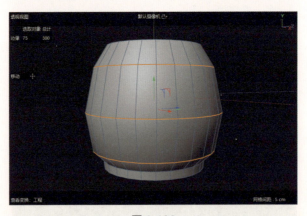

图 3-106

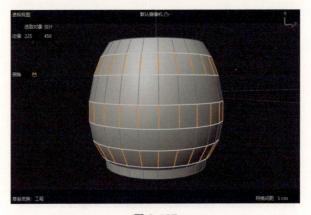

图 3-107

❽ 选择图 3-108 所示的边线，使用"倒角"工具制作出图 3-109 所示的模型底部。

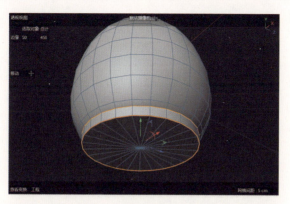

图 3-108

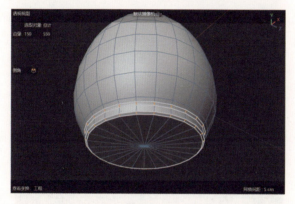

图 3-109

❾ 切换到"模型"模式，选择模型，按住 Alt 键单击"加厚"按钮，如图 3-110 所示，为模型添加"加厚"生成器。

❿ 在"属性"面板中设置"加厚"生成器的"厚度"为 0.3 cm，如图 3-111 所示。

图 3-110

图 3-111

设置完成后,模型透视视图中的显示结果如图 3-112 所示。

图 3-112

⑪ 按 C 键,将加厚的模型转为可编辑对象。选择图 3-113 所示的面,使用"挤压"工具制作出图 3-114 所示的模型。

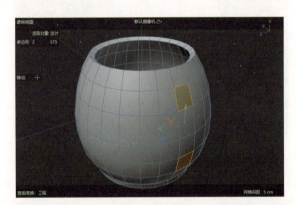

图 3-113

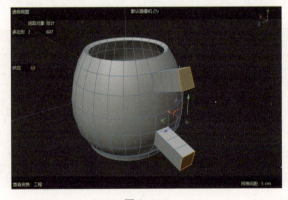

图 3-114

⑫ 在正视图中调整马克杯模型把手部分顶点的位置，如图 3-115 所示。

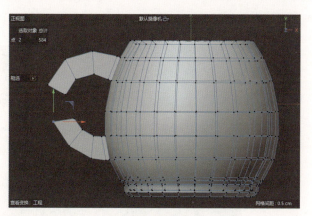

图 3-115

⑬ 选择图 3-116 所示的面，使用"桥接"工具制作出图 3-117 所示的模型。

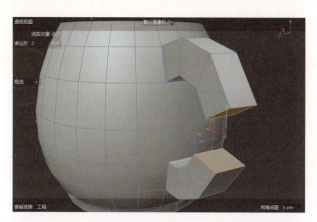

图 3-116

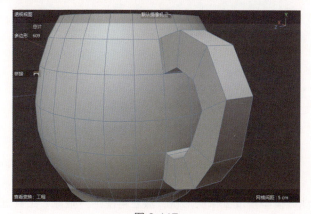

图 3-117

⑭ 选择马克杯模型，按住Alt键单击"细分曲面"按钮，如图3-118所示，使其更平滑。本实例最终制作完成的模型如图3-119所示。

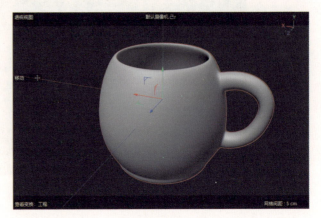

图 3-118　　　　　　　　　　　　　　图 3-119

学习完本实例后，读者可以尝试使用该方法制作形态相似的其他杯子模型。

3.3.6　实例：制作卡通云朵模型

实例介绍

本实例主要讲解如何使用多边形建模技术来制作卡通云朵模型，其最终渲染效果如图3-120所示。

图 3-120

思路分析

先将多个球体模型拼成云朵的形状，然后再使用"融球"工具进行制作。

① 启动中文版 Cinema 4D 2024，单击"球体"按钮，如图 3-121 所示，在场景中创建一个球体模型，如图 3-122 所示。

图 3-121

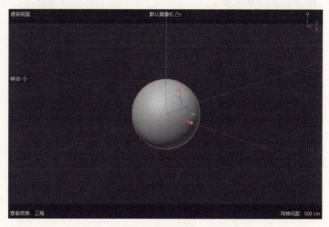

图 3-122

② 选中球体模型，按住 Ctrl 键，使用"移动"工具以拖曳的方式对其进行多次复制，如图 3-123 所示。

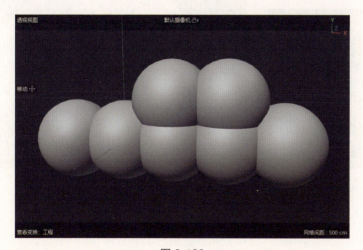

图 3-123

③ 微调每个球体的大小，如图 3-124 所示，制作出云朵模型的大概形状。

④ 单击"融球"按钮，如图 3-125 所示，在场景中创建一个"融球"生成器。

085

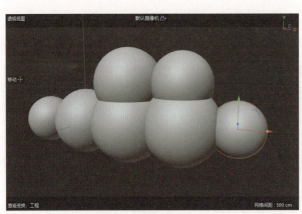

图 3-124　　　　　　　　　　图 3-125

❺ 在"对象"面板中将场景中的所有球体模型设置为"融球"生成器的子对象，如图 3-126 所示。

设置完成后，云朵模型透视视图中的显示结果如图 3-127 所示。

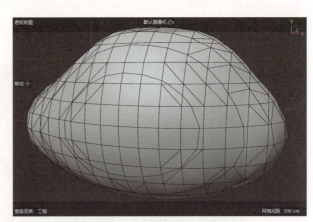

图 3-126　　　　　　　　　　图 3-127

❻ 在"属性"面板中设置"融球"生成器的"外壳数值"为 300%，"视窗细分"为 10 cm，"渲染细分"为 10 cm，如图 3-128 所示。

设置完成后，云朵模型透视视图中的显示结果如图 3-129 所示。

❼ 选择云朵模型，单击鼠标右键并执行"转为可编辑对象"命令，如图 3-130 所示，将其转为可编辑对象。

❽ 在"对象"面板中更改云朵模型的名称为"云朵"，如图 3-131 所示。

多边形建模　第 3 章

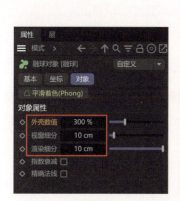
图 3-128

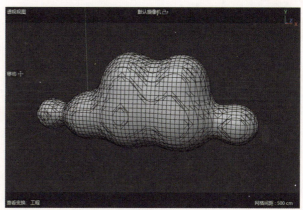
图 3-129

图 3-130

图 3-131

本实例最终制作完成的模型如图 3-132 所示。

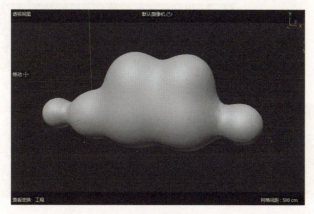
图 3-132

087

学习完本实例后，读者可以尝试使用该方法制作形态各异的云朵模型。

3.3.7 实例：制作数字气球模型

实例介绍

本实例主要讲解如何使用多边形建模技术来制作数字气球模型，其最终渲染效果如图 3-133 所示。

图 3-133

思路分析

先使用"文本"工具制作出数字模型，然后再使用布料标签模拟出数字气球模型表面的褶皱效果。

步骤演示

❶ 启动中文版 Cinema 4D 2024，单击"文本"按钮，如图 3-134 所示，在场景中创建一个文本模型，如图 3-135 所示。

图 3-134

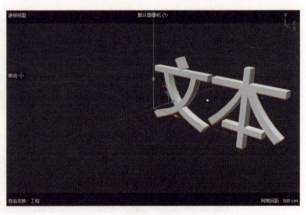

图 3-135

❷ 在"属性"面板的"文本样条"文本框内输入 6，设置"字体"为 Arial Black，如图 3-136 所示。

设置完成后，场景中出现一个数字 6 的立体模型，如图 3-137 所示。

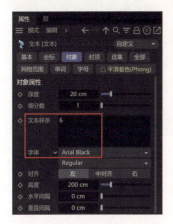

图 3-136　　　　　　　　　　　图 3-137

❸ 执行菜单栏中的"显示"/"快速着色（线条）"命令，如图 3-138 所示，在透视视图中查看模型的线条显示情况，如图 3-139 所示。

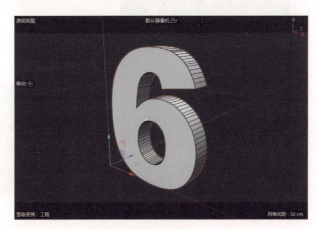

图 3-138　　　　　　　　　　　图 3-139

❹ 在文本模型的"属性"面板"封顶"选项卡中设置"细分（Tessellation）"为 Delaunay，"尺寸"为 3 cm，如图 3-140 所示。

设置完成后，数字模型透视视图中的显示效果如图 3-141 所示。

 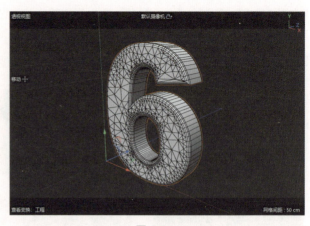

图 3-140　　　　　　　　　　　　图 3-141

❺ 选择数字模型，单击鼠标右键并执行"连接对象+删除"命令，如图3-142 所示。
❻ 在"对象"面板中单击鼠标右键并执行"模拟标签"/"布料"命令，将其设置为布料。设置完成后，其名称后面出现一个布料标签，如图3-143 所示。

 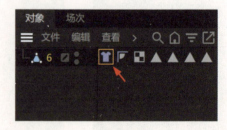

图 3-142　　　　　　　　　　　　图 3-143

❼ 选择图 3-144 所示的面，在"属性"面板中单击"缝合面"后面的"设置"按钮，如图 3-145 所示。设置完成后，数字模型透视视图中的显示结果如图 3-146 所示。
❽ 在"属性"面板中先设置布料标签的"宽度"为 1cm，再单击"收缩"按钮，如图 3-147 所示，得到图 3-148 所示的模型。

图 3-144　　　　　　　　　　　图 3-145

图 3-146

图 3-147　　　　　　　　　　　图 3-148

❾ 切换到"模型"模式，选择数字模型，单击鼠标右键并执行"连接对象+删除"命令，

如图3-149所示。

⑩ 在"对象"面板中选中布料标签，将其删除，数字模型透视视图中的显示结果如图3-150所示。

图3-149

图3-150

⑪ 切换到"面"模式，可以在场景中看到之前选择的面，如图3-151所示。

图3-151

⑫ 使用"挤压"工具对所选择的面进行挤压，得到图3-152所示的模型。

⑬ 按住Alt键单击"细分曲面"按钮，如图3-153所示，为数字模型添加"细分曲面"生成器。

本实例最终制作完成的模型如图3-154所示。

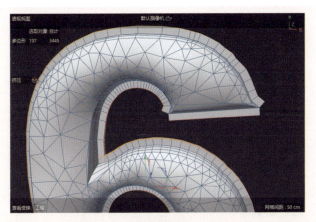

图 3-152

图 3-153　　　　　　　　图 3-154

 学习完本实例后，读者可以尝试使用该方法制作形态相似的其他数字气球模型。

3.3.8　实例：制作办公木桌模型

实例介绍

本实例主要讲解如何使用多边形建模技术来制作办公木桌模型，其最终渲染效果如图 3-155 所示。

图 3-155

思路分析

先使用"立方体"工具制作出木桌的桌面,然后再对其进行编辑,制作出桌腿等部分。

步骤演示

① 启动中文版 Cinema 4D 2024,单击"立方体"按钮,如图 3-156 所示,在场景中创建一个立方体模型。

② 在"属性"面板中设置立方体模型的"尺寸.X"为 120 cm,"尺寸.Y"为 1.5 cm,"尺寸.Z"为 60 cm,如图 3-157 所示。

图 3-156

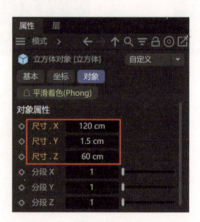

图 3-157

设置完成后,立方体模型透视视图中的显示结果如图 3-158 所示。

③ 按 C 键,将立方体模型转为可编辑对象。使用"循环/路径切割"工具为立方体模型添加边线,如图 3-159 所示。

④ 使用"缩放"工具调整边线的位置,如图 3-160 所示。

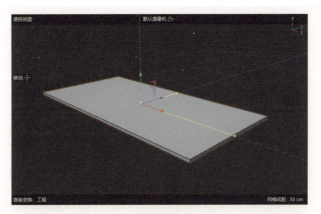

图 3-158

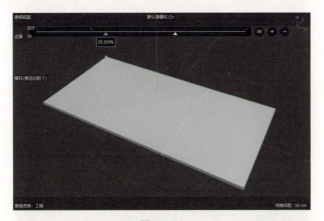

图 3-159

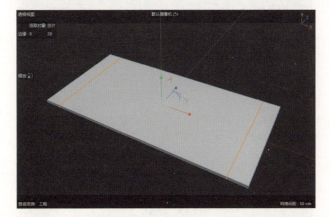

图 3-160

❺ 再次使用"循环/路径切割"工具和"缩放"工具为立方体模型添加边线,如图 3-161 所示。

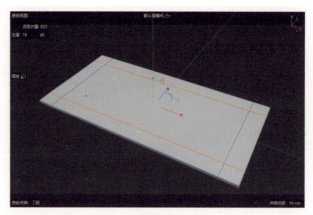

图 3-161

❻ 选择图 3-162 所示的边线,使用"倒角"工具制作出图 3-163 所示的效果。

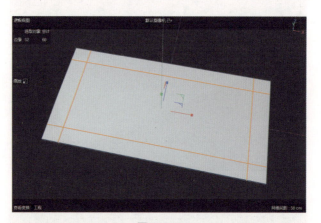

图 3-162

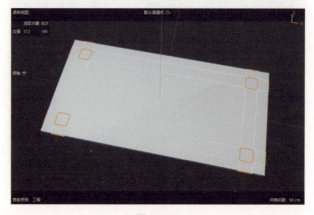

图 3-163

❼ 选择图 3-164 所示的面，使用"挤压"工具制作出图 3-165 所示的模型。

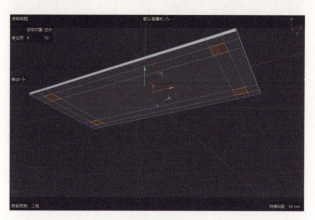

图 3-164

图 3-165

❽ 选择图 3-166 所示的面，使用"嵌入"工具制作出图 3-167 所示的效果。

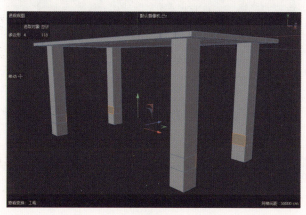

图 3-166

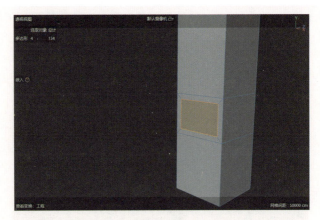

图 3-167

⑨ 选择图 3-168 所示的面，使用"桥接"工具制作出图 3-169 所示的模型。

图 3-168

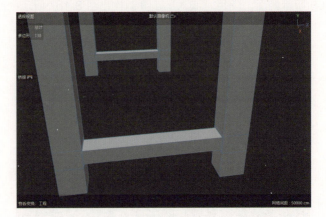

图 3-169

⑩ 切换到"模型"模式，按住 Shift 键单击"倒角"按钮，如图 3-170 所示，为木桌模型添加"倒角"变形器。

⑪ 在"属性"面板中设置"倒角"变形器的"偏移"为 0.1cm，如图 3-171 所示。

图 3-170

图 3-171

设置完成后，木桌模型边缘的倒角效果如图 3-172 所示。

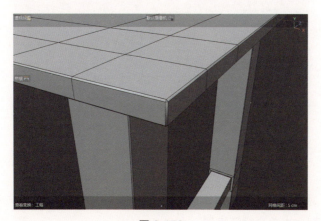

图 3-172

本实例最终制作完成的模型如图 3-173 所示。

图 3-173

 学习完本实例后,读者可以尝试使用该方法制作形态相似的其他桌子模型。

3.3.9 实例:制作弯曲铁链模型

实例介绍

本实例主要讲解如何使用多边形建模技术来制作弯曲铁链模型,其最终渲染效果如图 3-174 所示。

图 3-174

思路分析

先使用"圆环面"工具制作出链环模型,然后再使用"克隆"生成器和"样条约束"变形器制作出整个铁链模型。

步骤演示

① 启动中文版 Cinema 4D 2024，单击"圆环面"按钮，如图 3-175 所示，在场景中创建一个圆环面模型。

② 在"属性"面板中设置圆环面模型的"圆环半径"为 2 cm，"圆环分段"为 8，"导管半径"为 0.7 cm，"导管分段"为 8，如图 3-176 所示。

图 3-175

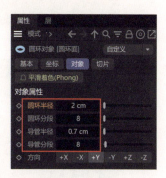

图 3-176

设置完成后，圆环面模型透视视图中的显示结果如图 3-177 所示。

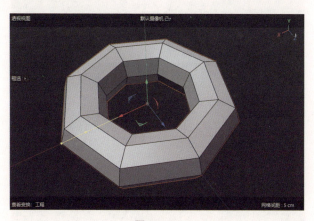

图 3-177

③ 按 C 键，将圆环面模型转为可编辑对象。选择图 3-178 所示的两圈边线，使用"倒角"工具制作出图 3-179 所示的效果。

④ 选择图 3-180 所示的 5 圈顶点，调整其位置，如图 3-181 所示，制作出一个链环模型。

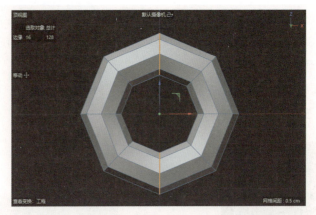

图 3-178

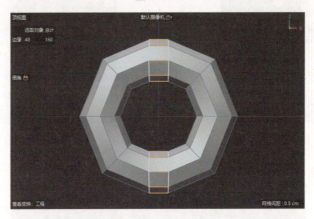

图 3-179

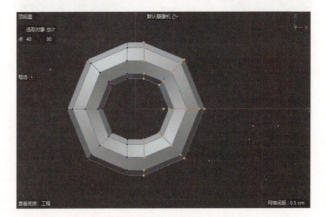

图 3-180

⑤ 切换到"模型"模式，按住 Ctrl 键，配合"移动"工具复制出一个链环模型并调整其旋转角度，如图 3-182 所示。

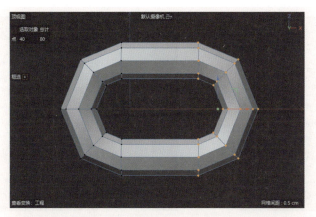

图 3-181

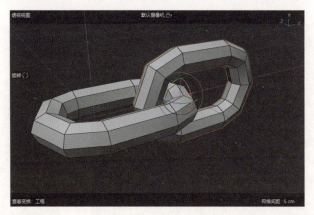

图 3-182

⑥ 选择场景中的两个铁环模型，单击鼠标右键并执行"连接对象 + 删除"命令，如图 3-183 所示，将其合并为铁链模型。

⑦ 选择铁链模型，按住 Alt 键单击"克隆"按钮，如图 3-184 所示，为模型添加"克隆"生成器。

⑧ 在"属性"面板中设置"克隆"生成器的"数量"为（50，1，1），"尺寸"为（9 cm，200 cm，200 cm），如图 3-185 所示。

⑨ 设置完成后，再次单击鼠标右键并执行"连接对象 + 删除"命令，铁链模型的透视视图显示结果如图 3-186 所示。

⑩ 单击"螺旋线"按钮，如图 3-187 所示，在场景中创建一个螺旋线图形。

⑪ 在"属性"面板中设置螺旋线图形的"起始半径"为 30 cm，"开始角度"为 0°，"终点半径"为 0 cm，"结束角度"为 2000°，"半径偏移"为 50%，"高度"为 25 cm，"高度偏移"为 6%，如图 3-188 所示。

图 3-183

图 3-184

图 3-185

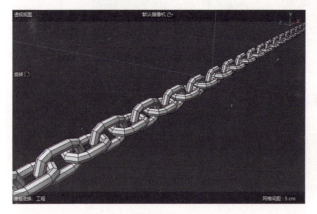

图 3-186

图 3-187

设置完成后，螺旋线图形透视视图中的显示结果如图 3-189 所示。

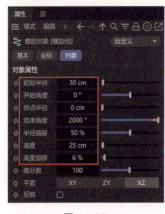

图 3-188

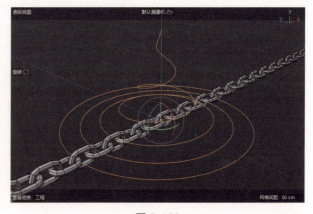

图 3-189

⑫ 选择场景中的铁链模型，按住 Shift 键单击"样条约束"按钮，如图 3-190 所示，为模型添加"样条约束"变形器。

⑬ 在"属性"面板中设置"样条约束"变形器的"样条"为"螺旋线"，如图 3-191 所示。此时铁链模型跟随场景中的螺旋线图形产生形变，如图 3-192 所示。

图 3-190

图 3-191

⑭ 选择铁链模型，按住 Ctrl 键单击"细分曲面"按钮，如图 3-193 所示，使铁链模型更加平滑，如图 3-194 所示。

图 3-192

图 3-193

图 3-194

⑮ 选择铁链模型，单击鼠标右键并执行"转为可编辑对象"命令，如图 3-195 所示。本实例最终制作完成的模型如图 3-196 所示。

图 3-195

图 3-196

学习完本实例后，读者可以尝试使用该方法制作不同形状的铁链模型。

3.3.10 实例：制作高尔夫球模型

实例介绍

本实例主要讲解如何使用多边形建模技术来制作高尔夫球模型，其最终渲染效果如图 3-197 所示。

多边形建模 第3章

图 3-197

> **思路分析**
>
> 先使用"球体"工具制作出高尔夫球的大概形态，然后再对其进行编辑，制作出高尔夫球的凹凸细节。

步骤演示

① 启动中文版 Cinema 4D 2024，单击"球体"按钮，如图 3-198 所示，在场景中创建一个球体模型，如图 3-199 所示。

图 3-198

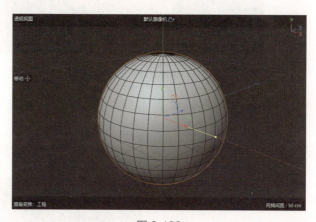

图 3-199

② 在"属性"面板中设置球体模型的"半径"为 3.1cm，"分段"为 48，"类型"为"二十面体"，如图 3-200 所示。

设置完成后，球体模型透视视图中的显示结果如图 3-201 所示。

③ 按 C 键，将球体模型转为可编辑对象。选择球体模型上所有的边线，如图 3-202 所示。

④ 按住 Alt 键单击"细分曲面"按钮，如图 3-203 所示，为球体模型添加"细分曲面"生成器。

107

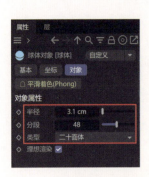
图 3-200

图 3-201

图 3-202

图 3-203

❺ 在"属性"面板中设置"细分曲面"生成器的"视窗细分"为1,"渲染器细分"为1,如图3-204所示。

设置完成后,球体模型透视视图中的显示结果如图3-205所示。

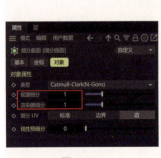
图 3-204

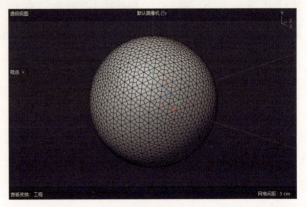
图 3-205

❻ 再次按 C 键，将球体模型转为可编辑对象。切换到"边"模式，可以看到之前所选的边线，如图 3-206 所示。

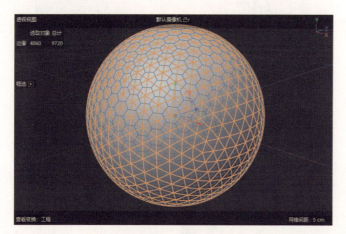

图 3-206

❼ 单击鼠标右键并执行"消除"命令，如图 3-207 所示，得到图 3-208 所示的模型。

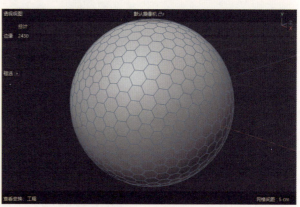

图 3-207　　　　　　　　　　图 3-208

❽ 切换到"面"模式，选择球体模型上的所有面，如图 3-209 所示。
❾ 使用"嵌入"工具制作出图 3-210 所示的模型。
❿ 使用"缩放"工具调整所选面的位置，制作出高尔夫球表面的凹凸效果，如图 3-211 所示。

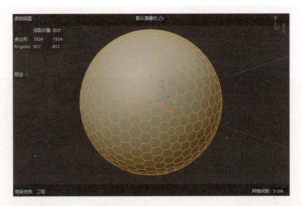

图 3-209

图 3-210

图 3-211

⓫ 按住 Alt 键再次单击"细分曲面"按钮，如图 3-212 所示，使球体模型更加平滑。本实例最终制作完成的模型如图 3-213 所示。

图 3-212

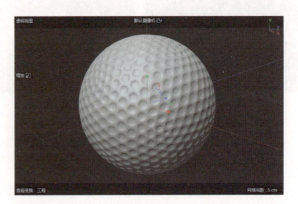

图 3-213

学习完本实例后，读者可以尝试使用该方法制作带有凹陷孔洞的其他模型。

第 4 章

灯光技术

4.1 灯光概述

通常，熟练掌握三维软件的建模技术之后就要开始接触灯光。之所以将灯光知识的讲解放在建模部分的后面，是因为有些做好的模型需要进行渲染，以便查看最终视觉效果。将灯光知识的讲解放在材质部分的前面是因为没有一个理想的照明环境，什么好看的材质都无法渲染出来。所以，在掌握建模技术之后，学习材质之前，熟练掌握灯光的设置尤为重要。学习灯光技术时，首先要对模拟的灯光环境有所了解，建议读者多留意身边的光影现象并拍下照片作为制作项目时的重要参考素材。图 4-1 ~ 图 4-4 分别为笔者在平时生活中拍摄的有关光影现象的照片素材。

图 4-1　　　　　　　　　　　图 4-2

图 4-3　　　　　　　　　　　图 4-4

4.2 Cinema 4D 灯光

中文版 Cinema 4D 2024 为用户提供了多种不同类型的灯光，如图 4-5 所示。有关灯光基本参数的视频可扫描图 4-6 中的二维码观看。

灯光技术　第 4 章

图 4-5

图 4-6

4.3　技术实例

4.3.1　实例：制作室内静物灯光照明效果

> **实例介绍**
>
> 　　本实例将使用区域光来制作室内静物的灯光照明效果，图 4-7 所示为本实例的最终渲染结果。
>
>
>
> 图 4-7
>
> **思路分析**
>
> 　　制作实例前需要观察静物的灯光照明效果，再思考选择哪个灯光来进行制作。

113

> 步骤演示

① 启动中文版 Cinema 4D 2024，打开本书配套资源"足球 .c4d"文件，场景中有一个足球模型，并且预先设置好了材质和摄像机，如图 4-8 所示。

② 单击"区域光"按钮，如图 4-9 所示，在场景中创建一个区域光。

图 4-8

图 4-9

③ 将摄像机切换至"默认摄像机"，如图 4-10 所示，在透视视图中观察该区域光，如图 4-11 所示。

图 4-10

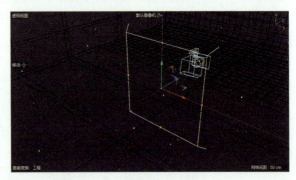

图 4-11

> 技巧与提示

　　本实例涉及摄像机切换方面的知识，更多有关摄像机的设置请读者参考本书相关章节进行学习。

④ 在场景中调整区域光的大小、位置和照射方向，如图 4-12 所示。

⑤ 在"属性"面板中设置区域光的"强度"为 60，如图 4-13 所示。

灯光技术 第 4 章

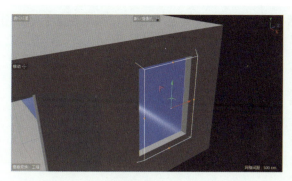

图 4-12

图 4-13

❻ 按住 Ctrl 键，配合"移动"工具复制出一个区域光并调整其位置，如图 4-14 所示。
❼ 切换到 RS 相机的透视视图，执行菜单栏中的"Redshift"/"工具"/"渲染至 RenderView"命令，如图 4-15 所示。

图 4-14

图 4-15

本实例的最终渲染效果如图 4-16 所示。

❽ 在 Redshift RenderView 窗口中执行菜单栏中的"文件"/"将图像另存为"命令，如图 4-17 所示。

图 4-16

图 4-17

115

❾ 在弹出的"图像另存为"对话框中将渲染出来的图像保存在本地硬盘上，如图 4-18 所示。

图 4-18

> 技巧与提示
>
> 保存图像时，可以先选择保存类型，如图 4-19 所示，然后输入文件名，最后保存。
>
>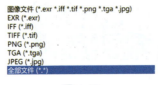
>
> 图 4-19

学习完本实例后，读者可以尝试制作其他静物的灯光照明效果。

4.3.2 实例：制作室内射灯照明效果

> 实例介绍
>
> 本实例将使用 IES 光来制作室内射灯照明效果，图 4-20 所示为本实例的最终渲染效果。

116

图 4-20

> **思路分析**
> 制作实例前需要观察射灯的照明效果，再思考选择哪个灯光来进行制作。

步骤演示

❶ 启动中文版 Cinema 4D 2024，打开本书配套资源"笔筒.c4d"文件，场景中有一个笔筒模型，并且预先设置好了材质和摄像机，如图 4-21 所示。

❷ 切换到默认摄像机，在透视视图中观察场景，可以看到场景中已经设置好了室内灯光，如图 4-22 所示。

图 4-21

图 4-22

❸ 切换到 RS 相机的透视视图，执行菜单栏中的"Redshift"/"工具"/"渲染至 RenderView"命令，渲染场景，渲染效果如图 4-23 所示。

❹ 切换到默认摄像机，单击"IES 光"按钮，如图 4-24 所示，在场景中创建一个 IES 光。

图 4-23

图 4-24

❺ 在"属性"面板中设置 IES 光的"强度"为 1,"曝光(EV)"为 2,"颜色"为黄色,并单击"IES 轮廓"后面的文件夹按钮,为其添加"light.ies"文件,如图 4-25 所示。

❻ 在正视图中调整 IES 光的位置和方向,如图 4-26 所示。

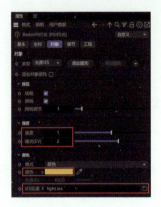

图 4-25

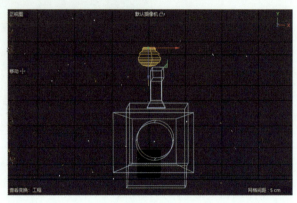

图 4-26

❼ 在右视图中调整 IES 光的位置,如图 4-27 所示。

❽ 切换到 RS 相机的透视视图并渲染场景,本实例的最终渲染效果如图 4-28 所示。

图 4-27

图 4-28

学习完本实例后,读者可以尝试更换 IES 文件来模拟多种不同的射灯照明效果。

4.3.3 实例:制作室内天光照明效果

实例介绍

本实例将使用区域光来制作室内天光照明效果,图 4-29 所示为本实例的最终渲染效果。

图 4-29

> 🔍 **思路分析**
>
> 制作实例前需要观察室内天光的照明效果，再思考选择哪个灯光来进行制作。

▶ **步骤演示**

❶ 启动中文版 Cinema 4D 2024，打开本书配套资源"客厅.c4d"文件，场景中有一组家具模型，并且预先设置好了材质和摄像机，如图 4-30 所示。

❷ 单击"区域光"按钮，如图 4-31 所示，在场景中创建一个区域光。

图 4-30

图 4-31

❸ 执行菜单栏中的"摄像机"/"默认摄像机"命令，如图 4-32 所示，在默认摄像机的透视视图中观察该区域光，如图 4-33 所示。

❹ 使用"移动"工具调整区域光的位置，将区域光放置在房间窗户模型的外面，如图 4-34 所示。

图 4-32　　　　　　　图 4-33

图 4-34

❺ 在正视图中调整区域光的位置和大小，如图 4-35 所示。

图 4-35

❻ 在"属性"面板中设置区域光的"强度"为 4，如图 4-36 所示。

❼ 观察场景中的房间模型，看到该房间模型的一侧墙上有两个窗户，所以将刚刚创建的区域光选中，按住 Ctrl 键，配合"移动"工具复制出一个区域光，并将其移至另一个窗户模型的位置，如图 4-37 所示。

图 4-36　　　　　　　　　　　图 4-37

❽ 设置完成后渲染场景，渲染结果如图 4-38 所示，可以看到画面整体偏暗。
❾ 在 Redshift RenderView 窗口中单击"设置"按钮，如图 4-39 所示。

图 4-38　　　　　　　　　　　图 4-39

❿ 在"颜色控件"卷展栏中更改 RGB 曲线的形态，如图 4-40 所示，提高渲染图像的亮度。

本实例的最终渲染效果如图 4-41 所示。

图 4-40　　　　　　　　　　　　　图 4-41

> 学习完本实例后，读者可以尝试制作其他的室内天光照明效果。

4.3.4　实例：制作室内阳光照明效果

实例介绍

　　本实例使用上一实例的场景文件来讲解怎样制作阳光透过窗户照射进屋内的照明效果，本实例的最终渲染效果如图 4-42 所示。

图 4-42

思路分析

　　制作实例前需要观察室内阳光的照明效果，再思考选择哪个灯光来进行制作。

灯光技术　第 4 章

▶ 步骤演示

❶ 启动中文版 Cinema 4D 2024，打开本书配套资源"客厅.c4d"文件，场景中有一组家具模型，并且预先设置好了材质和摄像机，如图 4-43 所示。

图 4-43

❷ 单击"RS 太阳与天空装配"按钮，如图 4-44 所示，"对象"面板中多了一个 RS 天空和一个 RS 太阳，如图 4-45 所示。

图 4-44

图 4-45

❸ 在默认摄像机的透视视图中调整 RS 天空的位置，如图 4-46 所示。

❹ 使用"旋转"工具调整 RS 天空的方向，如图 4-47 所示。

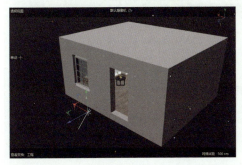

图 4-46

图 4-47

123

❺ 在"属性"面板中调整 RS 天空的 R.H 为 –125°，R.P 为 20°，如图 4-48 所示。
❻ 设置完成后渲染场景，渲染效果如图 4-49 所示。

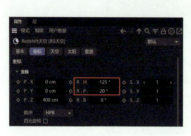

图 4-48　　　　　　　　　　　　　图 4-49

❼ 观察渲染效果，可以看到渲染出来的图像偏暗。在"对象"面板中选择"RS 天空"，在"属性"面板中设置其"强度倍增"为 9，如图 4-50 所示。
❽ 再次渲染场景，本实例的最终渲染效果如图 4-51 所示。

图 4-50　　　　　　　　　　　　　图 4-51

学习完本实例后，读者可以尝试制作其他室内阳光照明效果。

第 5 章

材质与纹理

5.1 材质概述

中文版Cinema 4D 2024为用户提供了功能丰富的材质编辑系统，用于模拟自然界中各种各样的物体质感。就像是绘画中的色彩一样，材质可以为三维模型注入生命，使场景充满活力，使渲染出来的作品仿佛存在于真实的世界中。Cinema 4D 2024的"默认材质"包含物体的表面纹理、高光、透明度、自发光、反射及折射等多种属性，要想利用这些属性制作出效果逼真的材质，读者应多观察真实世界中物体的质感特征。图5-1～图5-4为笔者拍摄的体现不同材质质感的照片。

图5-1　　　　　　　　　　　图5-2

图5-3　　　　　　　　　　　图5-4

5.2 默认材质

默认材质是中文版Cinema 4D 2024为用户提供的功能强大的材质类型，就像3ds Max的"物理材质"和Maya的"标准曲面材质"一样，使用该材质几乎可以制作出日常生活中接触的绝大部分材质，如陶瓷、金属、玻璃等。选择对象，单击鼠标右键并执行"创建默认材质"命令，即可为所选对象指定默认材质，如图 5-5 所示。有关默认材质的视频可扫描图 5-6 中的二维码观看。

图 5-5

图 5-6

5.3 材质管理器

Cinema 4D 为用户提供了一个便于管理场景里所有材质的面板，即材质管理器。在软件工作界面上方右侧单击"材质管理器"按钮，如图 5-7 所示，即可打开材质管理器。有关材质管理器的视频可扫描图 5-8 中的二维码观看。

图 5-7

图 5-8

5.4 技术实例

5.4.1 实例：制作玻璃材质

> 实例介绍
>
> 本实例主要讲解如何使用默认材质来制作玻璃材质，最终渲染效果如图 5-9 所示。

图 5-9

> **思路分析**
>
> 制作实例前需要观察玻璃类物体的质感特征,再思考需要调整哪些参数来进行制作。

步骤演示

❶ 打开本书配套资源"玻璃材质.c4d"文件,场景主要包含一组玻璃杯模型以及简单的配景模型,并且已经设置好了灯光及摄像机,如图 5-10 所示。

图 5-10

❷ 选择场景中的玻璃杯模型,如图 5-11 所示。

❸ 单击鼠标右键并执行"创建默认材质"命令,如图 5-12 所示,为所选择的模型指定默认材质。

❹ 在"属性"面板中更改材质的"名称"为"玻璃",如图 5-13 所示。

图 5-11

图 5-12

图 5-13

❺ 在"反射"卷展栏中设置"粗糙度"为 0,在"透射"卷展栏中设置"权重"为 1,如图 5-14 所示。

❻ 渲染场景,渲染效果如图 5-15 所示。

图 5-14

图 5-15

❼ 选择"玻璃"材质,在"属性"面板的"透射"卷展栏中设置"颜色"为绿色,如图 5-16 所示。颜色的参数设置如图 5-17 所示。

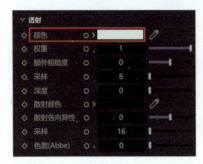

图 5-16　　　　　　　　　图 5-17

❽ 渲染场景,本实例中玻璃材质的最终渲染效果如图 5-18 所示。

图 5-18

学习完本实例后,读者可以尝试制作其他颜色的玻璃材质。

5.4.2　实例:制作金属材质

实例介绍

本实例主要讲解如何使用默认材质来制作金属材质,最终渲染效果如图 5-19 所示。

材质与纹理 第 5 章

图 5-19

> **思路分析**
>
> 　　制作实例前需要观察金属类物体的质感特征，再思考需要调整哪些参数来进行制作。

步骤演示

① 打开本书配套资源"金属材质.c4d"文件，场景主要包含一个水壶模型以及简单的配景模型，并且已经设置好了灯光及摄像机，如图 5-20 所示。

图 5-20

② 选择场景中的水壶模型，如图 5-21 所示，为其指定默认材质。

③ 在"属性"面板中更改材质的"名称"为"金色金属"，如图 5-22 所示。

④ 在"基底"卷展栏中设置"颜色"为黄色，"金属感"为 1，如图 5-23 所示。其中，颜色的参数设置如图 5-24 所示。

131

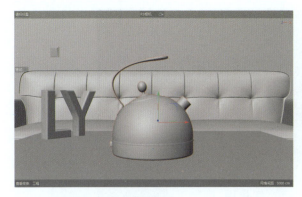
图 5-21

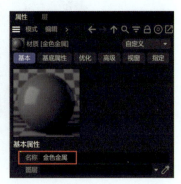
图 5-22

图 5-23

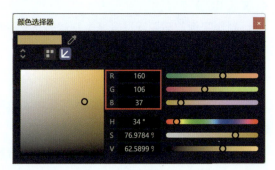
图 5-24

❺ 渲染场景，本实例中金属材质的最终渲染效果如图 5-25 所示。

图 5-25

学习完本实例后，读者可以尝试制作其他类型的金属材质。

5.4.3 实例：制作陶瓷材质

实例介绍

本实例主要讲解如何使用默认材质来制作陶瓷材质，最终渲染效果如图 5-26 所示。

图 5-26

思路分析

制作实例前需要观察身边陶瓷类物体的质感特征，再思考需要调整哪些参数来进行制作。

步骤演示

❶ 打开本书配套资源"陶瓷材质 .c4d"文件，场景主要包含一组碗模型以及简单的配景模型，并且已经设置好了灯光及摄像机，如图 5-27 所示。

图 5-27

❷ 选择场景中的碗模型，如图 5-28 所示，为其指定默认材质。

❸ 在"属性"面板中更改材质的"名称"为"蓝色陶瓷"，如图 5-29 所示。

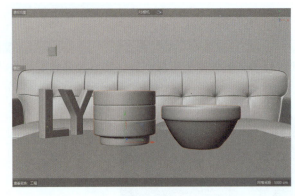
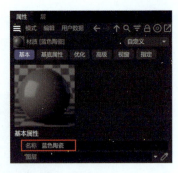

图 5-28　　　　　　　　　　　　图 5-29

❹ 在"基底"卷展栏中设置"颜色"为蓝色,在"反射"卷展栏中设置"粗糙度"为 0.1,如图 5-30 所示。其中,颜色的参数设置如图 5-31 所示。

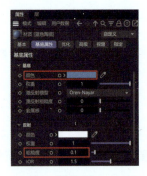
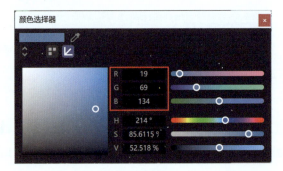

图 5-30　　　　　　　　　　　　图 5-31

❺ 渲染场景,蓝色陶瓷材质的渲染效果如图 5-32 所示。

图 5-32

❻ 在材质管理器中单击"新的默认材质"按钮，如图 5-33 所示，新建一个默认材质。
❼ 更改新建材质的名称为"红色陶瓷"，如图 5-34 所示。

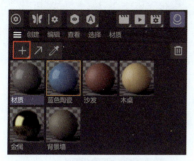

图 5-33

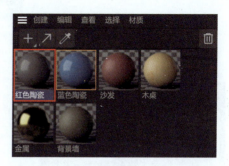

图 5-34

❽ 切换到"面"模式，选择图 5-35 所示的面，并将名称为"红色陶瓷"的材质指定给所选择的面。
❾ 在"属性"面板的"基底"卷展栏中设置"颜色"为红色，在"反射"卷展栏中设置"粗糙度"为 0.1，如图 5-36 所示。其中，颜色的参数设置如图 5-37 所示。

图 5-35

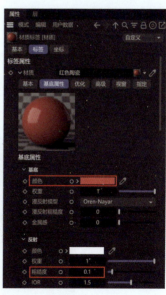

图 5-36

❿ 渲染场景，本实例中陶瓷材质的最终渲染效果如图 5-38 所示。

图 5-37　　　　　　　　　　　　图 5-38

> 学习完本实例后，读者可以尝试制作其他类型的陶瓷材质。

5.4.4　实例：制作玉石材质

实例介绍

本实例主要讲解如何使用默认材质来制作玉石材质，最终渲染效果如图 5-39 所示。

图 5-39

思路分析

制作实例前需要观察玉石的质感特征，再思考需要调整哪些参数来进行制作。

材质与纹理 第 5 章

> ▶ 步骤演示

❶ 打开本书配套资源"玉石材质 .c4d"文件，场景主要包含一个珊瑚造型的装饰品模型以及简单的配景模型，并且已经设置好了灯光及摄像机，如图 5-40 所示。

图 5-40

❷ 选择场景中的装饰品模型，如图 5-41 所示，为其指定默认材质。
❸ 在"属性"面板中更改材质的"名称"为"玉石"，如图 5-42 所示。

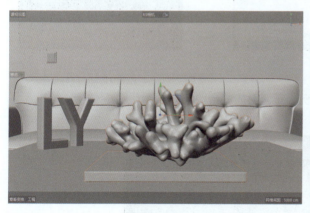 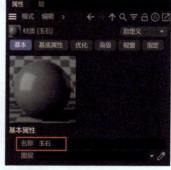

图 5-41　　　　　　　　　　图 5-42

❹ 在"次表面"卷展栏中设置"颜色"为红色，"权重"为 1，如图 5-43 所示。其中，颜色的参数设置如图 5-44 所示。

137

图 5-43

图 5-44

❺ 渲染场景，渲染效果如图 5-45 所示。

❻ 选择"玉石"材质，在"属性"面板的"次表面"卷展栏中设置"缩放"为 0.5，如图 5-46 所示。

图 5-45

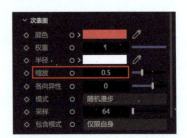
图 5-46

❼ 设置完成后再次渲染，本实例中玉石材质的最终渲染效果如图 5-47 所示。

图 5-47

材质与纹理 第 5 章

> **技巧与提示**
>
> "缩放"值越小，玉石材质的透光效果越不明显；"缩放"值越大，玉石材质的透光效果越明显。

> **举一反三**
>
> 学习完本实例后，读者可以尝试制作其他颜色的玉石材质。

5.4.5 实例：制作渐变色纹理

实例介绍

本实例主要讲解如何使用"斜面"纹理来制作渐变色纹理，最终渲染效果如图 5-48 所示。

图 5-48

思路分析

制作实例前需要观察带有渐变色效果的物体，再思考需要调整哪些参数来进行制作。

步骤演示

❶ 打开本书配套资源"花瓶材质.c4d"文件，场景主要包含一个花瓶模型以及简单的配景模型，并且已经设置好了灯光及摄像机，如图 5-49 所示。

❷ 选择场景中的花瓶模型，如图 5-50 所示，为其指定默认材质。

❸ 在"属性"面板中更改材质的"名称"为"渐变色花瓶"，如图 5-51 所示。

139

图 5-49

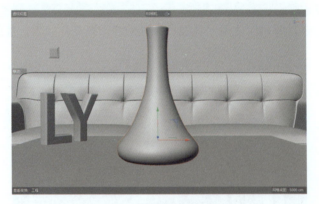

图 5-50

④ 在"基底"卷展栏中单击"颜色"后面的圆形按钮,如图 5-52 所示,执行"连接节点"/"纹理"/"斜面"命令,为"颜色"属性添加"斜面"节点,如图 5-53 所示。

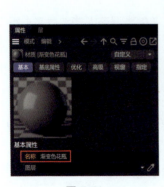

图 5-51

图 5-52

图 5-53

❺ 单击"斜面"节点,在"属性"面板的"斜面"卷展栏中设置渐变色,如图 5-54 所示。
❻ 单击花瓶模型的材质标签,在"属性"面板中设置"投射"为"平直",如图 5-55 所示。

图 5-54

图 5-55

❼ 切换到"纹理"模式,调整平直投射区域的大小,如图 5-56 所示。

图 5-56

❽ 选择"渐变色花瓶"材质,在"属性"面板的"反射"卷展栏中设置"粗糙度"为 0.1,如图 5-57 所示。
❾ 渲染场景,本实例中渐变色纹理的最终渲染效果如图 5-58 所示。

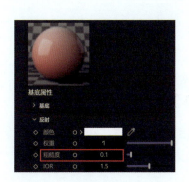
图 5-57

图 5-58

> **技巧与提示**
>
> 使用"斜面"纹理后,通常还需要为模型指定投射的方式,以确定渐变色的方向。

> **举一反三**
>
> 学习完本实例后,读者可以尝试制作其他渐变色纹理。

5.4.6 实例:制作凹凸纹理

> **实例介绍**
>
> 本实例主要讲解如何使用"法线贴图"纹理来制作凹凸纹理,最终渲染效果如图 5-59 所示。

图 5-59

> **思路分析**
>
> 制作实例前需要观察带有凹凸质感的物体,再思考需要调整哪些参数来进行制作。

步骤演示

❶ 打开本书配套资源"罐子材质 .c4d"文件,场景主要包含一个罐子模型以及简单的配景模型,并且已经设置好了灯光及摄像机,如图 5-60 所示。

❷ 选择场景中的罐子模型,如图 5-61 所示,为其指定默认材质。

❸ 在"属性"面板中更改材质的"名称"为"凹凸罐子",如图 5-62 所示。

图 5-60

图 5-61

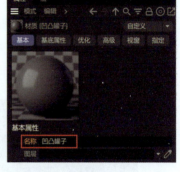

图 5-62

❹ 在"基底"卷展栏中设置"颜色"为蓝色,如图 5-63 所示。颜色的参数设置如图 5-64 所示。

图 5-63

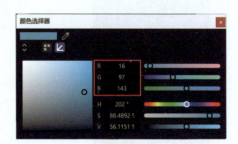

图 5-64

❺ 在"反射"卷展栏中设置"粗糙度"为 0.1,如图 5-65 所示。

⑥ 设置完成后渲染场景，渲染效果如图 5-66 所示。

图 5-65　　　　　　　　　　　　图 5-66

⑦ 选择"凹凸罐子"材质，在"属性"面板的"几何体"卷展栏中单击"凹凸贴图"后的圆形按钮，如图 5-67 所示。

⑧ 执行"连接节点"/"传统"/"法线贴图"命令，为"凹凸贴图"属性添加"法线贴图"节点，如图 5-68 所示。

图 5-67　　　　　　　　　　　　图 5-68

⑨ 单击"法线贴图"节点，在"纹理"卷展栏中单击"路径"后面的文件夹按钮，为其添加"罐子法线贴图.png"文件，如图 5-69 所示。

⑩ 渲染场景，本实例中凹凸纹理的最终渲染效果如图 5-70 所示。

图 5-69　　　　　　　　　　　　图 5-70

材质与纹理　第 5 章

　学习完本实例后，读者可以尝试制作其他类似的凹凸纹理。

5.4.7　实例：制作图书纹理

实例介绍

本实例主要讲解如何使用纹理 UV 编辑器为图书模型指定纹理，最终渲染效果如图 5-71 所示。

图 5-71

思路分析

制作实例前需要观察图书，再思考需要调整哪些参数来进行制作。

步骤演示

❶ 打开本书配套资源"图书材质 .c4d"文件，场景主要包含一个图书模型以及简单的配景模型，并且已经设置好了灯光及摄像机，如图 5-72 所示。

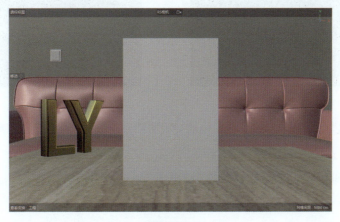

图 5-72

145

❷ 选择场景中的图书模型，如图 5-73 所示，为其指定默认材质。
❸ 在"属性"面板中更改材质的"名称"为"图书封皮"，如图 5-74 所示。

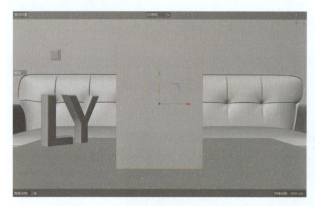
图 5-73

图 5-74

❹ 在"基底"卷展栏中单击"颜色"后面的圆形按钮，如图 5-75 所示，执行"载入纹理"命令，载入"图书封皮 .jpg"贴图文件，如图 5-76 所示。

图 5-75

图 5-76

❺ 选择图书模型，单击"工具栏"中的"视窗独显"按钮，如图 5-77 所示。视图中只显示刚刚选中的对象，如图 5-78 所示。
❻ 将软件界面切换至 UVEdit（UV 编辑）工作区，如图 5-79 所示。

图 5-77

图 5-78

图 5-79

❼ 在"UV 管理器"面板中单击"方形"按钮，如图 5-80 所示，对图书模型进行 UV 纹理展开计算。

在纹理 UV 编辑器面板中，UV 纹理展开后的结果如图 5-81 所示。

❽ 在纹理 UV 编辑器中执行菜单栏中的"文件"/"打开纹理"命令，载入"图书封皮 .jpg"贴图文件，将其显示在纹理 UV 编辑器中，如图 5-82 所示。

图 5-80

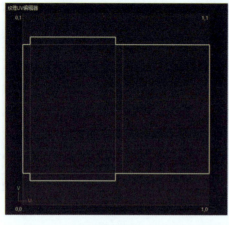

图 5-81　　　　　　　　　　　　　图 5-82

⑨ 在透视视图中选择图 5-83 所示的面，在纹理 UV 编辑器中调整其位置，如图 5-84 所示。

图 5-83　　　　　　　　　　　　　图 5-84

> **技巧与提示**
>
> 　　纹理 UV 编辑器在软件菜单栏中的名称为"UV 纹理编辑器"，将其显示为一个单独的窗口时，其名称为"纹理"。
> 　　此外，有关在纹理 UV 编辑器中的具体操作步骤，读者可以观看对应的教学视频进行学习。

⑩ 在纹理 UV 编辑器中对图书模型的其他面进行 UV 展开，最终制作完成的图书贴图透视视图中的显示效果如图 5-85 所示。

图 5-85

⑪ 在材质管理器中单击"新的默认材质"按钮，如图 5-86 所示，新建一个默认材质。

⑫ 更改新建材质的名称为"白色书页"，如图 5-87 所示。

图 5-86

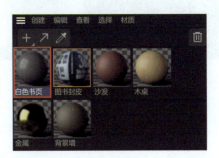

图 5-87

⑬ 切换到"面"模式，选择图 5-88 所示的面，并将名称为"白色书页"的材质指定给所选择的面。

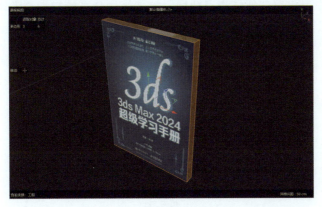

图 5-88

⑭ 单击图书模型的"白色书页"材质标签,在"属性"面板的"基底"卷展栏中设置"颜色"为白色,在"反射"卷展栏中设置"权重"为0,如图5-89所示。

⑮ 再次单击"视窗独显"按钮,将场景中隐藏的对象全部显示出来,渲染场景,本实例中图书纹理的最终渲染效果如图5-90所示。

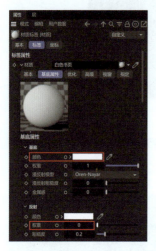
图 5-89

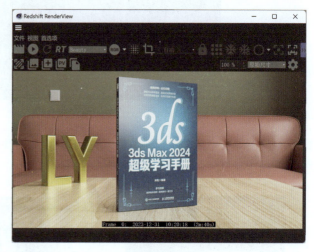
图 5-90

学习完本实例后,读者可以尝试制作其他类似的图书纹理。

5.4.8 实例:制作线框纹理

> 实例介绍
>
> 本实例主要讲解如何使用"线框"纹理来制作线框纹理,最终渲染效果如图5-91所示。

图 5-91

材质与纹理　第 5 章

> **思路分析**
> 制作实例前需要观察模型的布线情况，再思考需要调整哪些参数来进行制作。

▶ 步骤演示

❶ 打开本书配套资源"线框材质.c4d"文件，场景主要包含一个小马模型以及简单的配景模型，并且已经设置好了灯光及摄像机，如图 5-92 所示。

❷ 在场景中选择小马模型，如图 5-93 所示，为其指定默认材质。

图 5-92　　　　　　　　　　　　图 5-93

❸ 在"属性"面板中更改材质的"名称"为"线框"，如图 5-94 所示。

❹ 在"反射"卷展栏中设置"权重"为 0，如图 5-95 所示。

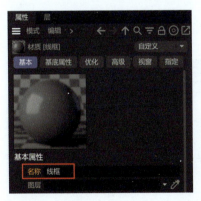 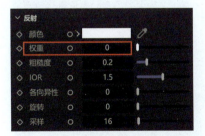

图 5-94　　　　　　　　　　　　图 5-95

❺ 在"基底"卷展栏中单击"颜色"后面的圆形按钮，如图 5-96 所示，执行"连接节点"/"纹理"/"线框"命令，为"颜色"属性添加"线框"节点，如图 5-97 所示。

151

图 5-96

图 5-97

❻ 单击"线框"节点，在"属性"面板中设置"多边形颜色"为灰色，"线粗细"为1，如图 5-98 所示。

❼ 设置完成后渲染场景，渲染效果如图 5-99 所示。

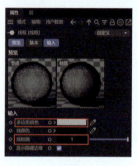
图 5-98

图 5-99

❽ 在"线框"节点的"属性"面板的"输入"组中取消勾选"显示隐藏边缘"，如图 5-100 所示。

❾ 渲染场景，本实例中线框纹理的渲染效果如图 5-101 所示。

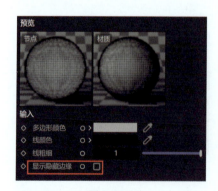
图 5-100

图 5-101

学习完本实例后，读者可以尝试制作其他颜色的线框纹理。

第6章

摄像机技术

6.1 摄像机概述

Cinema 4D 2024 中的摄像机所包含的参数与现实中我们所使用的摄像机参数非常相似，比如焦距、光圈、快门速度、曝光等，也就是说，如果读者是一个摄影爱好者，那么学习本章的内容将会得心应手。中文版 Cinema 4D 2024 有多种类型的摄像机供用户使用，通过为场景设定摄像机，用户可以轻松地在三维软件里记录自己摆放好的镜头位置并设置动画。摄像机的参数相对较少，但是这并不意味着每个人都可以轻松地掌握摄像机技术。学习摄像机技术就像拍照一样，读者最好具备画面构图方面的知识。图6-1 和图 6-2 为笔者日常生活中拍摄的照片。

图 6-1　　　　　　　　　　　　　图 6-2

6.2 创建摄像机的方式

新建场景后，默认视图即默认摄像机的透视视图，如图 6-3 所示。读者需注意，这个默认摄像机的名称不会出现在"对象"面板中。如果要记录场景的特定观察角度，就需要用户重新创建摄像机。那么如何在场景中创建新的摄像机呢？可扫描图 6-4 中的二维码观看有关创建摄像机的视频。

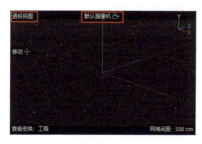 

图 6-3　　　　　　　　　　　　　图 6-4

6.3 技术实例

6.3.1 实例：创建摄像机

实例介绍

本实例主要讲解摄像机的创建方法以及如何固定摄像机的位置，其渲染效果如图 6-5 所示。

图 6-5

思路分析

制作实例前可以多观察好的摄影构图，再进行摄像机的摆放。

步骤演示

❶ 打开本书配套资源"室内 .c4d"文件，可以看到该场景是一个室内空间，里面摆放了一些简单的家具模型，并且设置好了材质及灯光，如图 6-6 所示。

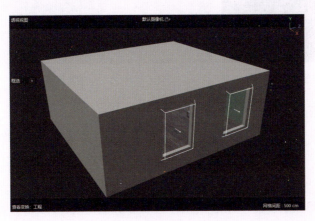

图 6-6

❷ 选择场景中桌子上的茶壶模型，如图 6-7 所示。

图 6-7

❸ 单击鼠标右键并执行"框显选择中的对象"命令，如图 6-8 所示。茶壶模型在视图中被框显出来，如图 6-9 所示。

图 6-8

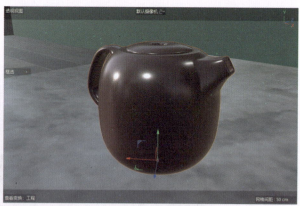

图 6-9

❹ 调整透视视图的观察角度，如图 6-10 所示。

❺ 单击"标准"按钮，如图 6-11 所示，根据当前视图的观察角度创建一个 RS 相机。观察"对象"面板，单击该相机名称后面的方形标记，如图 6-12 所示，将当前视图切换至 RS 相机的透视视图。

❻ 在"属性"面板中设置"变换"卷展栏中的参数值，微调 RS 相机的位置及角度，如图 6-13 所示。

图 6-10   图 6-11

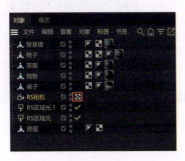 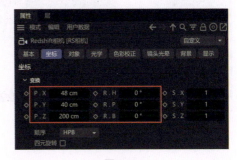

图 6-12   图 6-13

最终调整好的 RS 相机的拍摄角度如图 6-14 所示。

图 6-14

❼ 设置完成后渲染场景，添加 RS 相机后的渲染效果如图 6-15 所示。

❽ 固定摄像机的位置，以保证摄像机拍摄角度不变。在"对象"面板中选择"RS 相机"，单击鼠标右键并执行"装配标签"/"保护"命令，为所选择的摄像机添加一个保护标签。添加完成后，摄像机的名称后面会出现保护标签的图标，如图 6-16 所示。

图 6-15　　　　　　　　　　　　　图 6-16

技巧与提示

如果要取消保护，可以在"对象"面板中单击保护标签，按 Delete 键将其删除。

学习完本实例后，读者可以尝试多设置几个摄像机，从不同角度来渲染场景。

6.3.2　实例：制作景深效果

实例介绍

本实例将使用上一节的场景来制作景深效果，本实例的最终渲染效果如图 6-17 所示。

摄像机技术　第 6 章

图 6-17

🔍 **思路分析**

制作实例前可以多观察一些带有景深效果的照片，再思考使用哪些参数来进行制作。

▶ **步骤演示**

❶ 打开本书配套资源"室内 - 完成 .c4d"文件，如图 6-18 所示。

图 6-18

❷ 将视图切换至默认摄像机的正视图，观察到 RS 相机的目标点处于一个非常远的位置，如图 6-19 所示。

❸ 在正视图中设置目标点的位置，如图 6-20 所示。

❹ 在 RS 相机的"属性"面板中勾选 Bokeh，设置"孔径（f/#）"为 0.5，如图 6-21 所示。

159

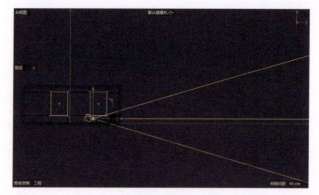

图 6-19

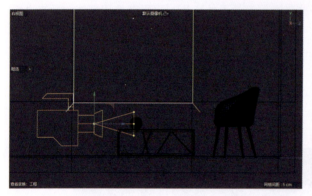

图 6-20

图 6-21

> **技巧与提示**
>
> "孔径（f/#）"值越小，景深效果越明显。图 6-22 所示分别为该值是 1 和 4 的渲染效果。

图 6-22

❺ 执行菜单栏中的"选项"/"景深"命令,如图6-23所示,在视图中显示出景深效果,如图6-24所示。

图 6-23

图 6-24

> **技巧与提示**
> 视图中显示出来的景深效果并不能完全代表之后渲染出来的景深效果,读者应以最终渲染效果为准。

❻ 再次渲染场景,本实例的最终渲染效果如图6-25所示。

图 6-25

学习完本实例后,读者还可以尝试制作其他带有景深效果的图像。

第 7 章

渲染

渲染　第 7 章

7.1　渲染概述

在 Cinema 4D 中制作出来的细致场景模型离不开材质和灯光的辅助。在视图中看到的画面无论多么精美，也比不上渲染后得到的图像。可以说没有渲染，就无法将优秀的作品展示给观众。那什么是"渲染"呢？从狭义上讲，渲染通常指在三维软件中制作三维项目的最后一步，即设置与渲染有关的参数。从广义上讲，渲染包括材质制作、灯光设置、摄像机摆放等一系列的工作流程。

使用 Cinema 4D 制作三维项目时，常见的工作流程大多是按照"建模 > 创建灯光 > 制作材质 > 创建摄像机 > 渲染"进行的，渲染是最后一步。图 7-1 和图 7-2 为非常优秀的三维渲染作品。

图 7-1

图 7-2

7.2　渲染器

中文版 Cinema 4D 2024 包含 4 个不同的渲染器，除默认的 Redshift 渲染器外，还有"标准""物理""视窗渲染器"，如图 7-3 所示。用户可以在"渲染设置"窗口中选择使用某个渲染器进行渲染。相对而言，Redshift 渲染器和"物理"渲染器的渲染效果更加理想，"标准"渲染器的渲染速度更快，而"视窗渲染器"则相当于对视窗进行截图。需要读者注意的是，进行材质设置前需要规划好使用哪个渲染器进行渲染，因为有些材质在不同的渲染器中得到的渲染结果完全不同。有关渲染器基本设置的视频可扫描图 7-4 中的二维码观看。

163

图 7-3

图 7-4

7.3 综合实例：制作室内照明效果

实例介绍

　　使用中文版 Cinema 4D 2024 可以制作出效果非常真实的三维动画场景，将这些虚拟的动画场景与实拍的镜头搭配使用可以为影视制作节约大量的成本。本实例使用一个室内场景文件来详细讲解 Cinema 4D 中材质、灯光及渲染设置的综合运用，其最终渲染效果如图 7-5 所示。

图 7-5

思路分析

　　制作实例前需要观察室内环境中的物体质感及光影效果，然后再进行制作。

步骤演示

　　打开本书配套资源"卧室 .c4d"文件，可以看到场景中已经设置好了模型及摄像机，如图 7-6 所示。由最终渲染效果可知，本场景所要表现的光照效果为室内照明效果。

下面逐一讲解该场景中的主要材质制作、灯光设置和渲染设置。

图 7-6

7.3.1 制作布料材质

本实例中床上的毯子模型使用了布料材质,其渲染效果如图 7-7 所示。

图 7-7

❶ 选择场景中的毯子模型,如图 7-8 所示,为其指定默认材质。

❷ 在"属性"面板中更改材质的"名称"为"毯子",如图 7-9 所示。

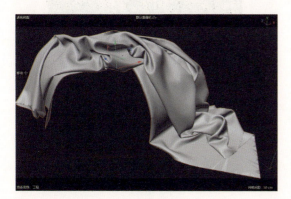

图 7-8

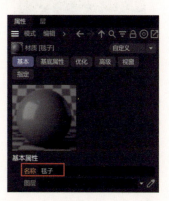

图 7-9

❸ 在"基底"卷展栏中为"颜色"属性指定"布料-2.jpg"贴图文件,如图7-10和图7-11所示。

图 7-10

图 7-11

❹ 在"反射"卷展栏中设置"粗糙度"为0.7,如图7-12所示。

❺ 在"几何体"卷展栏中为"凹凸贴图"属性添加"法线贴图"节点,如图7-13所示。

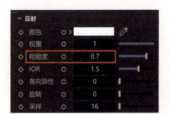

图 7-12

图 7-13

❻ 单击"法线贴图"节点,在"属性"面板的"纹理"卷展栏中为"路径"指定"布料2法线.jpg"贴图文件,如图7-14所示。

制作完成的布料材质在"属性"面板中的显示效果如图7-15所示。

图 7-14

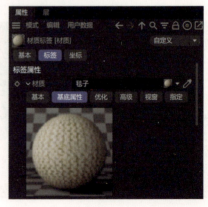

图 7-15

7.3.2 制作地板的材质

本实例中地板模型的渲染效果如图 7-16 所示。

图 7-16

❶ 选择场景中的地板模型,如图 7-17 所示,为其指定默认材质。

❷ 在"属性"面板中更改材质的"名称"为"地板",如图 7-18 所示。

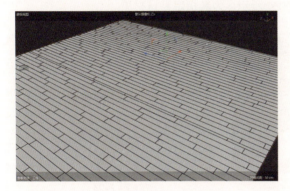

图 7-17

图 7-18

❸ 单击地板模型的材质标签,在"属性"面板的"基底"卷展栏中为"颜色"属性指定"地板 .jpg"贴图文件,如图 7-19 和图 7-20 所示。

图 7-19

图 7-20

❹ 在"反射"卷展栏中设置"粗糙度"为 0.3，如图 7-21 所示。
制作完成的"地板"材质在"属性"面板中的显示效果如图 7-22 所示。

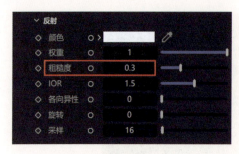
图 7-21

图 7-22

7.3.3 制作花盆的材质

本实例中花盆模型的渲染效果如图 7-23 所示。

❶ 选择场景中的花盆模型，如图 7-24 所示，为其指定默认材质。

图 7-23

图 7-24

❷ 在"属性"面板中更改材质的"名称"为"花盆"，如图 7-25 所示。

❸ 单击花盆模型的材质标签，在"属性"面板的"基底"卷展栏中为"颜色"属性指定"花盆 .png"贴图文件，如图 7-26 和图 7-27 所示。

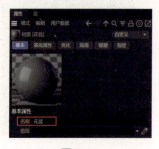
图 7-25

图 7-26

❹ 在"几何体"卷展栏中为"凹凸贴图"属性添加"法线贴图"节点，如图 7-28 所示。

图 7-27

图 7-28

❺ 单击"法线贴图"节点，在"纹理"卷展栏中为"路径"指定"花盆法线.png"贴图文件，如图 7-29 所示。

制作完成的"花盆"材质在"属性"面板中的显示效果如图 7-30 所示。

图 7-29

图 7-30

7.3.4 制作环境的材质

本实例中窗外环境的渲染效果如图 7-31 所示。

❶ 选择场景中的环境模型，如图 7-32 所示，为其指定默认材质。

图 7-31

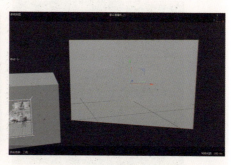

图 7-32

❷ 在"属性"面板中更改材质的"名称"为"环境",如图 7-33 所示。
❸ 在"基底"卷展栏中为"颜色"属性指定"环境 -1.jpeg"贴图文件,如图 7-34 和图 7-35 所示。

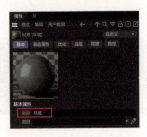
图 7-33

图 7-34

❹ 在"发光"卷展栏中为"颜色"属性也指定"环境 -1.jpeg"贴图文件,并设置"权重"为 2,如图 7-36 所示。

图 7-35

图 7-36

❺ 由于"发光"卷展栏中"颜色"属性使用的贴图与"基底"卷展栏中"颜色"属性使用的贴图一样,所以在"节点编辑器"窗口中将"纹理"节点分别连接至对应的属性上,如图 7-37 所示。

制作完成的"环境"材质在"属性"面板中的显示效果如图 7-38 所示。

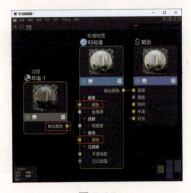
图 7-37

图 7-38

7.3.5 制作背景墙的材质

本实例中背景墙的渲染效果如图 7-39 所示。

❶ 选择场景中的背景墙模型,如图 7-40 所示,为其指定默认材质。

图 7-39

图 7-40

❷ 在"属性"面板中更改材质的"名称"为"背景墙",如图 7-41 所示。

❸ 在"基底"卷展栏中为"颜色"属性指定"背景墙木纹.png"贴图文件,如图 7-42 和图 7-43 所示。

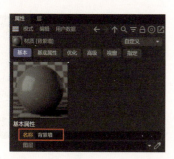
图 7-41

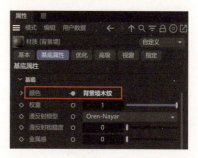
图 7-42

制作完成的"背景墙"材质在"属性"面板中的显示效果如图 7-44 所示。

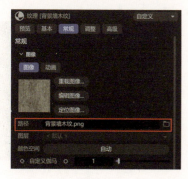
图 7-43

图 7-44

7.3.6 制作金属材质

本实例中的落地灯支架模型用到了金属材质，其渲染效果如图7-45所示。

❶ 选择场景中的落地灯支架模型，如图7-46所示，为其指定默认材质。

图7-45

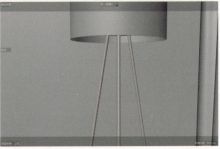
图7-46

❷ 在"属性"面板中更改材质的"名称"为"金属"，如图7-47所示。

❸ 单击落地灯支架模型的材质标签，在"属性"面板的"基底"卷展栏中设置"颜色"为白色，"金属感"为1，如图7-48所示。

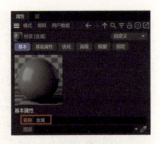
图7-47

图7-48

❹ 在"反射"卷展栏中设置"粗糙度"为0.05，如图7-49所示。制作完成的金属材质在"属性"面板中的显示效果如图7-50所示。

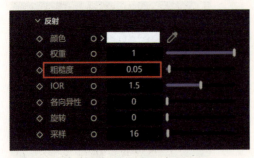
图7-49

图7-50

7.3.7 制作天光照明效果

❶ 单击"区域光"按钮,如图 7-51 所示,在场景中创建一个区域光。
❷ 在右视图中调整区域光的大小和位置,如图 7-52 所示。

图 7-51

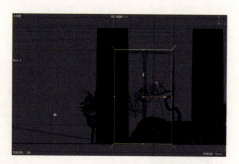

图 7-52

❸ 在正视图中调整区域光的位置,如图 7-53 所示。
❹ 在区域光的"属性"面板中展开"强度"卷展栏,设置"强度"为 10,如图 7-54 所示。

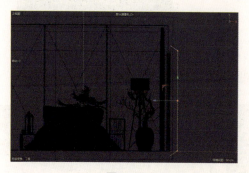

图 7-53

图 7-54

❺ 复制区域光,并调整大小和位置,如图 7-55 所示。
❻ 设置完成后渲染场景,渲染效果如图 7-56 所示。

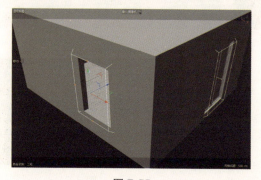

图 7-55

图 7-56

7.3.8 制作射灯照明效果

❶ 单击"IES 光"按钮,如图 7-57 所示,在场景中创建一个 IES 光。

❷ 在"属性"面板中设置 IES 光的"强度"为 20,"曝光(EV)"为 6,"颜色"为黄色,并单击"IES 轮廓"后面的文件夹按钮,为其添加"shedeng.ies"文件,如图 7-58 所示。

图 7-57

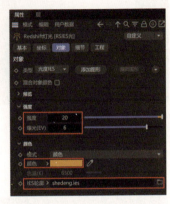

图 7-58

❸ 在正视图中调整 IES 光的位置和方向,如图 7-59 所示。

❹ 在透视视图中调整 IES 光的位置,如图 7-60 所示。

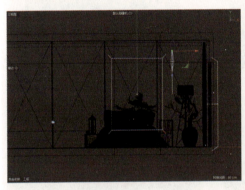

图 7-59

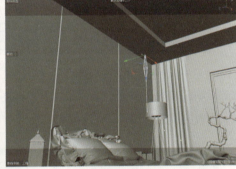

图 7-60

❺ 在 IES 光的"属性"面板的"变换"卷展栏中进行设置,如图 7-61 所示。

❻ 按住 Ctrl 键,配合"移动"工具复制 IES 光并调整位置,如图 7-62 所示。

❼ 设置完成后渲染场景,添加了射灯照明效果后的

图 7-61

渲染效果如图 7-63 所示。

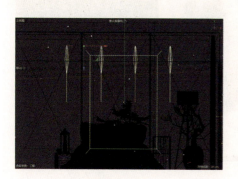

图 7-62

图 7-63

7.3.9 渲染设置

❶ 打开"渲染设置"窗口，可以看到场景使用默认的 Redshift 渲染器进行渲染，如图 7-64 所示。

❷ 在"输出"组中设置渲染图像的"宽度"为 2500，"高度"为 1600，如图 7-65 所示。

图 7-64

图 7-65

❸ 设置完成后渲染场景，渲染效果看起来稍暗，如图 7-66 所示。

❹ 在 Redshift RenderView 窗口的"颜色控件"卷展栏中设置 RGB 曲线的形态，如图 7-67 所示，提升画面的亮度。

图 7-66　　　　　　　图 7-67

本实例的最终渲染效果如图 7-68 所示。

图 7-68

学习完本实例后，读者可以尝试制作室内环境的其他照明效果。

7.4　综合实例：制作玻璃质感文字

实例介绍

本实例使用文字模型来详细讲解 Cinema 4D 材质、灯光及渲染设置的综合运用，其最终渲染效果如图 7-69 所示。

渲染　第 7 章

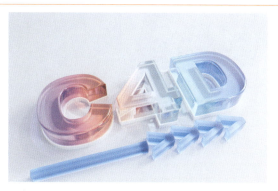

图 7-69

> **思路分析**
>
> 制作实例前可以在网络上搜索玻璃质感文字的效果图，再进行制作。

步骤演示

打开本书配套资源"图标.c4d"文件，可以看到场景中已经设置好了模型及摄像机，如图 7-70 所示。下面逐一讲解该场景中主要材质、灯光及焦散效果的制作步骤。

图 7-70

7.4.1　制作蓝色磨砂玻璃材质

本实例中的箭头模型使用了蓝色磨砂玻璃材质，其渲染效果如图 7-71 所示。

177

图 7-71

❶ 选择场景中的箭头模型，如图 7-72 所示，为其指定默认材质。

❷ 在"属性"面板中更改材质的"名称"为"蓝色磨砂玻璃"，如图 7-73 所示。

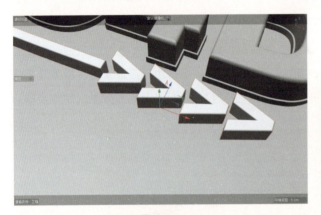

图 7-72

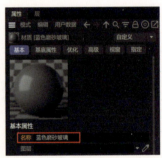

图 7-73

❸ 在"反射"卷展栏中设置"粗糙度"为 0.35，如图 7-74 所示。

❹ 在"透射"卷展栏中设置"颜色"为蓝色，"权重"为 1，如图 7-75 所示。其中，颜色的参数设置如图 7-76 所示。

图 7-74

图 7-75

制作完成的蓝色磨砂玻璃材质在"属性"面板中的显示效果如图 7-77 所示。

图 7-76

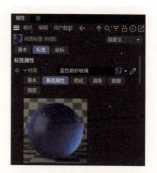

图 7-77

7.4.2 制作渐变色玻璃材质

本实例中的文字模型使用了带有渐变色效果的玻璃材质，渲染效果如图 7-78 所示。

① 选择场景中的文字模型，如图 7-79 所示，为其指定默认材质。

图 7-78

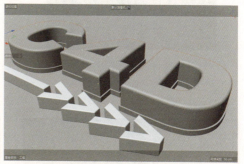

图 7-79

② 在"属性"面板中更改材质的"名称"为"渐变色玻璃"，如图 7-80 所示。

③ 在"反射"卷展栏中设置"粗糙度"为 0，IOR 为 2，如图 7-81 所示。

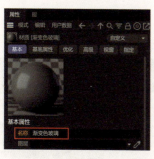

图 7-80

图 7-81

④ 在"透射"卷展栏中为"颜色"属性添加"斜面"节点，设置"权重"为 1，如图 7-82 所示。

❺ 单击"斜面"节点,在"斜面"卷展栏中设置渐变色,如图 7-83 所示。从左至右的 4 种颜色的参数设置如图 7-84 ~ 图 7-87 所示。

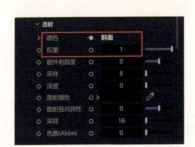

图 7-82

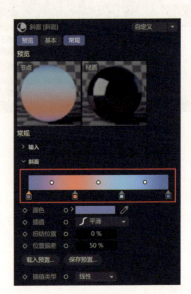

图 7-83

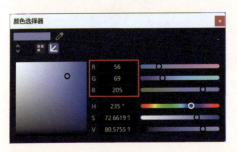

图 7-84

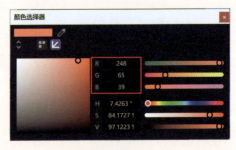

图 7-85

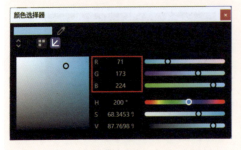

图 7-86

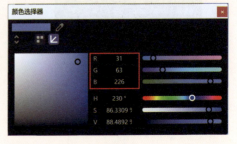

图 7-87

制作完成的渐变色玻璃材质在"属性"面板中的显示效果如图 7-88 所示。

❻ 单击文字模型的材质标签,在"属性"面板中设置"投射"为"平直",如图 7-89 所示。

图 7-88

图 7-89

❼ 切换到"纹理"模式,设置纹理的边框大小,如图 7-90 所示,完成渐变色方向的指定。

图 7-90

> **技巧与提示**
> 渐变色的方向由纹理的边框来指定,但是渲染后才能看到最终效果。

7.4.3 制作平面背景的材质

本实例中的平面背景颜色为浅蓝色,渲染效果如图 7-91 所示。

图 7-91

❶ 选择场景中的平面模型，如图 7-92 所示。

❷ 在"属性"面板中更改材质的"名称"为"浅蓝色背景"，如图 7-93 所示。

图 7-92

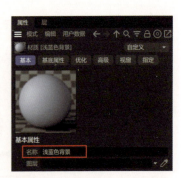

图 7-93

❸ 在"基底"卷展栏中设置"颜色"为浅蓝色，如图 7-94 所示。颜色的参数设置如图 7-95 所示。

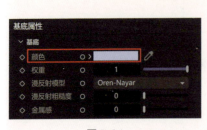

图 7-94

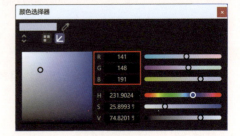

图 7-95

❹ 在"反射"卷展栏中设置"粗糙度"为 0.4，如图 7-96 所示。

制作完成的"浅蓝色背景"材质在"属性"面板中的显示效果如图 7-97 所示。

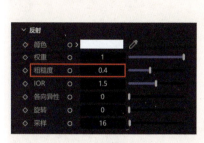

图 7-96

图 7-97

7.4.4 制作场景灯光

❶ 单击"区域光"按钮,如图 7-98 所示,在场景中创建一个区域光。

❷ 使用"移动"工具调整区域光的位置,将区域光放置在房间中窗户模型的外面,如图 7-99 所示。

图 7-98

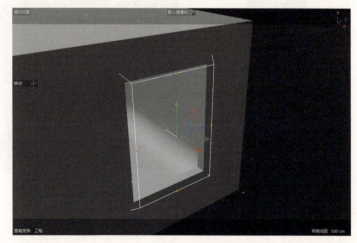

图 7-99

❸ 在"属性"面板的"强度"卷展栏中设置区域光的"强度"为 50,如图 7-100 所示。

❹ 观察场景中的房间模型,可以看到该房间的一侧墙上有两个窗户。选中刚刚创建的区域光,按住 Ctrl 键,配合"移动"工具复制出一个区域光,并将其移至另一个窗户模型的位置,如图 7-101 所示。

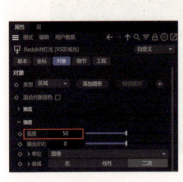 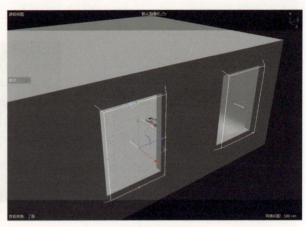

图 7-100　　　　　　　　　　　图 7-101

❺ 单击"聚光灯"按钮，如图 7-102 所示，在场景中创建一个聚光灯。

❻ 在正视图中设置聚光灯的位置及角度，如图 7-103 所示。

 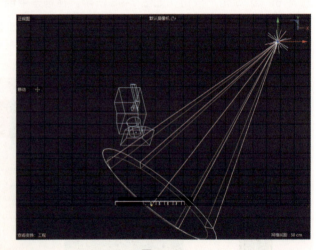

图 7-102　　　　　　　　　　　图 7-103

❼ 在顶视图中设置聚光灯的位置及角度，如图 7-104 所示。

❽ 在聚光灯的"属性"面板的"变换"卷展栏中进行设置，如图 7-105 所示。

❾ 在"强度"卷展栏中设置"强度"为 90000，如图 7-106 所示。

❿ 设置完成后渲染场景，渲染效果如图 7-107 所示。

渲染 第 7 章

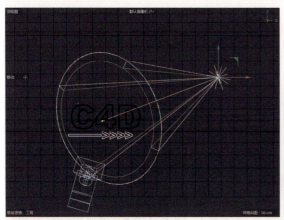

图 7-104

图 7-105

图 7-106

图 7-107

7.4.5 制作焦散效果

焦散是一种光学现象，指光线穿过厚度不均的透明物体时由于折射在投影位置产生的光纹效果。在三维软件中，添加焦散效果可以增加图像的细节。图 7-108 为笔者拍摄的带有焦散效果的照片。

图 7-108

185

① 选择场景中的文字模型，如图 7-109 所示。
② 在"对象"面板中单击鼠标右键并执行"渲染标签"/"RS 对象"命令，为文字模型添加 RS 对象标签，如图 7-110 所示。

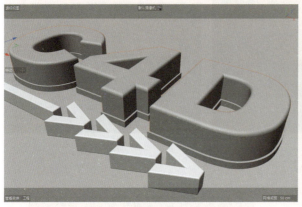

图 7-109　　　　　　　　　　图 7-110

③ 单击 RS 对象标签，在"属性"面板中勾选"覆盖"和"投射焦散光子"，如图 7-111 所示。
④ 选择聚光灯，在"属性"面板的"焦散"卷展栏中勾选"焦散光子"，设置"强度"为 20，"光子"为 9000000，如图 7-112 所示。

图 7-111　　　　　　　　　　图 7-112

⑤ 在"渲染设置"窗口的"焦散"组中设置"模糊半径"为 0.5，如图 7-113 所示。
⑥ 设置完成后渲染场景，渲染效果如图 7-114 所示。

图 7-113

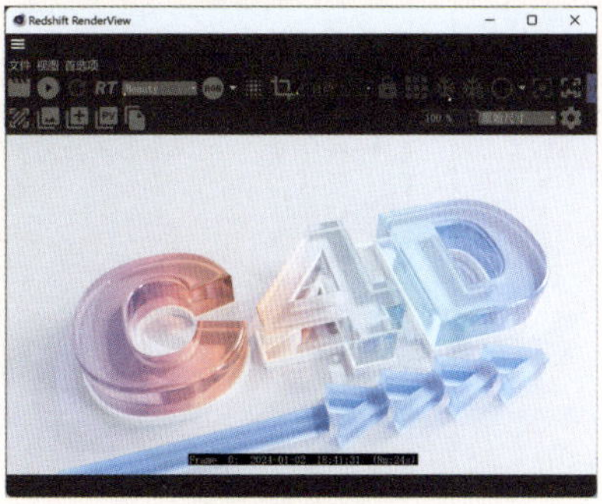

图 7-114

> **技巧与提示**
>
> 读者可以自行尝试更改材质的颜色，得到图 7-115 ~ 图 7-117 所示的渲染效果。

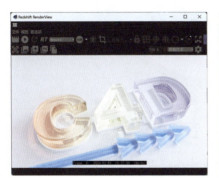

图 7-115

图 7-116

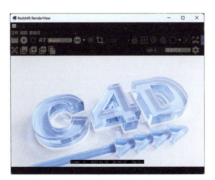

图 7-117

学习完本实例后，读者可以尝试制作其他玻璃效果。

187

第8章 动画技术

8.1 动画概述

在 Cinema 4D 2024 中给对象设置动画的工作流程与设置木偶动画非常相似，比如在制作木偶动画时，木偶的头部、躯干和四肢这些部分不可能分散地进行动画制作，在三维软件中也是如此。制作动画前通常需要将要设置动画的模型进行分组，并且设置好这些模型的相互影响关系（这一过程称为绑定或装置），之后再进行动画的制作。按照这一流程制作出来的三维动画将大大减少后期设置关键帧所消耗的时间，并且有利于动画项目的修改及完善。Cinema 4D 2024 内置了动力学技术模块，可以对场景中的对象进行逼真而细腻的动力学动画计算，从而为三维动画师节省大量的工作时间，并帮助他们极大地提高动画的精确度。图 8-1 ~ 图 8-4 所示为在三维软件中制作的汽车行驶动画。

图 8-1

图 8-2

图 8-3

图 8-4

8.2 动画基本操作

启动中文版 Cinema 4D 2024，在场景中创建一个立方体模型并选中。单击工作界面底部的"记录活动对象"按钮，如图 8-5 所示，即可为所选模型的"变换"属性（位移、旋转、缩放）设置关键帧。有关动画基本操作的视频可扫描图 8-6 中的二维码观看。

图 8-5

图 8-6

8.3 技术实例

8.3.1 实例：制作文字渐变色动画

> **实例介绍**
>
> 本实例主要讲解如何使用关键帧技术来制作文字渐变色动画，其最终动画效果如图 8-7 所示。

图 8-7

> **思路分析**
>
> 先为文字模型添加渐变色材质，再制作渐变色动画。

> 步骤演示

❶ 启动中文版 Cinema 4D 2024，打开本书配套资源"文字 .c4d"文件，场景中有一个文字模型，并且已经设置好了灯光和摄像机，如图 8-8 所示。

❷ 渲染场景，文字模型的默认渲染效果如图 8-9 所示。

图 8-8

图 8-9

❸ 选择文字模型，单击鼠标右键并执行"经典材质"/"创建标准材质"命令，如图 8-10 所示。

❹ 在"属性"面板中更改材质的"名称"为"渐变色"，如图 8-11 所示。

图 8-10

图 8-11

❺ 在"颜色"组中为"纹理"指定"渐变"纹理，如图 8-12 所示。

❻ 单击"渐变"纹理，在渐变着色器的"着色器属性"组中设置渐变颜色，如图 8-13 所示。

❼ 单击文字模型的材质标签，在"属性"面板中设置"投射"为"平直"，如图 8-14 所示。

❽ 切换到"纹理"模式，观察文字模型的 UV 坐标显示结果，如图 8-15 所示。

❾ 单击工作界面上方的"视窗独显"按钮，如图 8-16 所示，将文字模型单独显示出来。使用"移动"工具和"缩放"工具调整 UV 坐标的大小及位置，如图 8-17 所示。

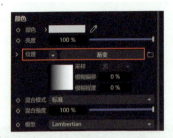

图 8-12

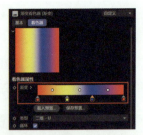

图 8-13

图 8-14

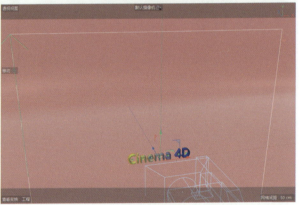

图 8-15

图 8-16

图 8-17

⑩ 定位到第 1 帧，在"属性"面板中为文字模型 UV 坐标的"位置 .X"设置关键帧，如图 8-18 所示。

⑪ 定位到第 90 帧，在"属性"面板中设置"位置 .X"为 50 cm，并再次为其设置关键帧，如图 8-19 所示。

图 8-18　　　　　　　　　　　图 8-19

⑫ 播放动画，动画效果如图 8-20 所示。

图 8-20

⑬ 渲染场景，本实例的渲染效果如图 8-21 所示。

图 8-21

学习完本实例后，读者可以尝试使用该方法制作其他物体表面的渐变色动画。

8.3.2 实例：制作秋千摇摆动画

实例介绍

本实例主要讲解如何使用"时间线窗口（函数曲线）"窗口来制作秋千摇摆动画，其最终动画效果如图 8-22 所示。

图 8-22

思路分析

先制作秋千的关键帧动画，再思考如何为其设置循环。

步骤演示

❶ 启动中文版 Cinema 4D 2024，打开本书配套资源"秋千 .c4d"文件，场景中有一个秋千模型，并且已经设置好了材质、灯光和摄像机，如图 8-23 所示。

❷ 选择秋千上的座椅模型，如图 8-24 所示。

❸ 单击工作界面上方的"启用轴心"按钮，如图 8-25 所示。

❹ 在右视图中调整座椅模型的轴心，如图 8-26 所示。

194

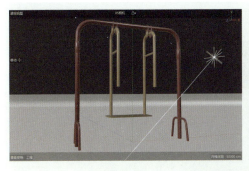
图 8-23

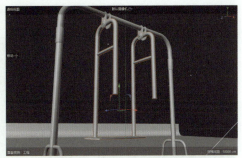
图 8-24

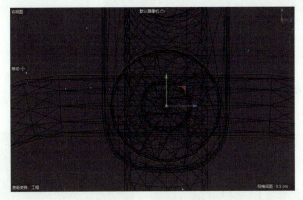

图 8-25　　　　　　　　　　图 8-26

⑤ 设置完成后再次单击工作界面上方的"启用轴心"按钮，如图 8-27 所示。

⑥ 定位到第 1 帧，调整座椅模型的旋转角度，如图 8-28 所示。

图 8-27　　　　　　　　　　图 8-28

⑦ 在"属性"面板的"变换"卷展栏中设置 R.P 为 –30°，并为其设置关键帧，如图 8-29 所示。

❽ 定位到第 30 帧，调整座椅模型的旋转角度，如图 8-30 所示。

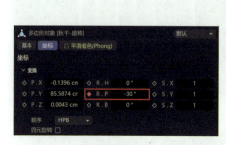

图 8-29　　　　　　　　　　　　　图 8-30

❾ 在"属性"面板的"变换"卷展栏中设置 R.P 为 30°，并为其设置关键帧，如图 8-31 所示。

❿ 执行菜单栏中的"窗口"/"时间线窗口（函数曲线）"命令，在弹出的"时间线窗口（函数曲线）"窗口中可以看到座椅模型的动画曲线，如图 8-32 所示。

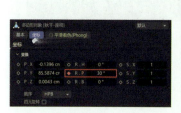

图 8-31　　　　　　　　　　　　　图 8-32

⓫ 在"时间线窗口（函数曲线）"窗口中框选曲线上的两个关键点，执行菜单栏中的"功能"/"轨迹之后"/"振荡之后"命令，使曲线循环，如图 8-33 所示。

图 8-33

⑫ 在"对象"面板中选择座椅模型,单击鼠标右键并执行"渲染标签"/"显示"命令,该模型后面出现一个眼睛形状的显示标签,如图 8-34 所示。

⑬ 单击显示标签,在"属性"面板的"残影"组中勾选"启用",如图 8-35 所示。

图 8-34

图 8-35

⑭ 设置完成后播放动画,动画效果如图 8-36 所示。

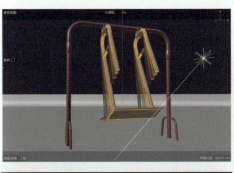

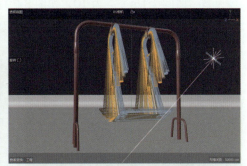

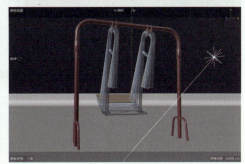

图 8-36

⑮ 渲染场景,渲染效果如图 8-37 所示。

⑯ 单击工作界面上方的"编辑渲染设置"按钮,如图 8-38 所示。

图 8-37　　　　　　　　　　　　　　图 8-38

⓱ 在"渲染设置"窗口中设置"模式"为"高级",在"运动模糊"组中勾选"启用",设置"时间（1/s）"为 10,如图 8-39 所示。

⓲ 再次渲染场景,本实例的最终渲染效果如图 8-40 所示。

图 8-39　　　　　　　　　　　　　　图 8-40

学习完本实例后,读者可以思考还可以制作哪些类似的循环动画。

8.3.3　实例：制作飞机飞行动画

🔹 实例介绍

　　本实例主要讲解如何使用"动画标签"子菜单里的命令来制作飞机飞行动画,其最终动画效果如图 8-41 所示。

动画技术 第 8 章

图 8-41

思路分析

先制作飞机螺旋桨的关键帧动画，再思考需要使用哪些工具来制作飞机路径动画。

步骤演示

❶ 启动中文版 Cinema 4D 2024，打开本书配套资源"飞机 .c4d"文件，场景中有一个飞机模型，并且已经设置好了材质和灯光，如图 8-42 所示。

❷ 单击"空白"按钮，如图 8-43 所示，在场景中创建一个空白对象。

图 8-42

图 8-43

❸ 在"对象"面板中设置飞机模型为空白对象的子对象，如图 8-44 所示。

199

❹ 选择场景中的螺旋桨模型，如图 8-45 所示。

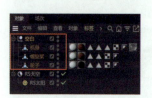

图 8-44

图 8-45

❺ 定位到第 1 帧，在"属性"面板"坐标"组中的"变换"卷展栏中为 R.P 设置关键帧，如图 8-46 所示。

❻ 定位到第 10 帧，设置 R.P 为 180°，并为其设置关键帧，如图 8-47 所示。

图 8-46

图 8-47

❼ 执行菜单栏中的"窗口/时间线窗口（函数曲线）"命令，在弹出的"时间线窗口（函数曲线）"窗口中可以看到螺旋桨的动画曲线，如图 8-48 所示。

❽ 在"时间线窗口（函数曲线）"窗口中框选曲线上的两个关键点，单击"线性"按钮，得到图 8-49 所示的结果。

图 8-48

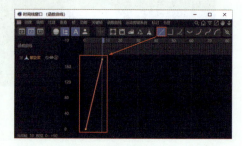

图 8-49

动画技术 第 8 章

⑨ 执行菜单栏中的"功能"/"轨迹之后"/"偏移重复之后"命令,螺旋桨的动画曲线如图 8-50 所示。播放动画,可以看到飞机的螺旋桨不断地旋转。

⑩ 单击工作界面左侧的"样条画笔"按钮,如图 8-51 所示。

图 8-50

图 8-51

⑪ 在顶视图中绘制一条曲线,作为飞机飞行的路径,如图 8-52 所示。

⑫ 在"对象"面板中选择空白对象,单击鼠标右键并执行"动画标签"/"对齐曲线"命令,为其添加对齐曲线标签,如图 8-53 所示。

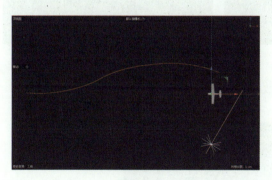

图 8-52

图 8-53

⑬ 定位到第 0 帧,在"属性"面板中设置"曲线路径"为场景中名称为"样条"的曲线,勾选"切线",设置"轴"为 -X,并为"位置"属性设置关键帧,如图 8-54 所示。

⑭ 定位到第 90 帧,在"属性"面板中设置"位置"为 100%,并为其设置关键帧,如图 8-55 所示。

图 8-54

图 8-55

⓯ 设置完成后播放动画，可以看到飞机一边转动螺旋桨一边沿曲线飞行，如图 8-56 所示。

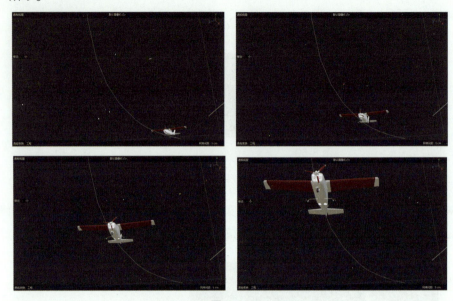

图 8-56

⓰ 渲染场景，本实例的最终渲染效果如图 8-57 所示。

图 8-57

技巧与提示

　　本实例的制作步骤较多，建议读者观看本小节的教学视频，以便更加轻松、高效地进行学习。

学习完本实例后，读者可以尝试使用该方法制作其他类型飞机的飞行动画。

8.3.4 实例：制作水果掉落动画

实例介绍

本实例主要讲解如何使用"子弹标签"子菜单里的命令来制作水果掉落动画，其最终动画效果如图 8-58 所示。

图 8-58

思路分析

先设置场景中的物体为不同的刚体对象，再对其进行动力学模拟计算。

步骤演示

❶ 启动中文版 Cinema 4D 2024，打开本书配套资源"水果 .c4d"文件，场景中有一个地面模型、一个果盘模型和两个水果模型，并且已经设置好了材质和灯光，如图 8-59 所示。

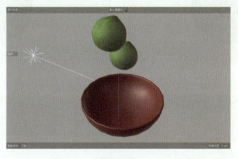

图 8-59

❷ 选择场景中的两个水果模型，在"对象"面板中单击鼠标右键并执行"子弹标签"/"刚体"命令，为其添加刚体标签，如图 8-60 所示。

❸ 选择场景中的果盘模型和地面模型，在"对象"面板中单击鼠标右键并执行"子弹标签"/"碰撞体"命令，为其添加碰撞体标签，如图 8-61 所示。

图 8-60

图 8-61

❹ 播放动画，可以看到水果模型进行自由落体运动，并与果盘模型产生碰撞，如图 8-62 所示，果盘模型一直处于静止状态。

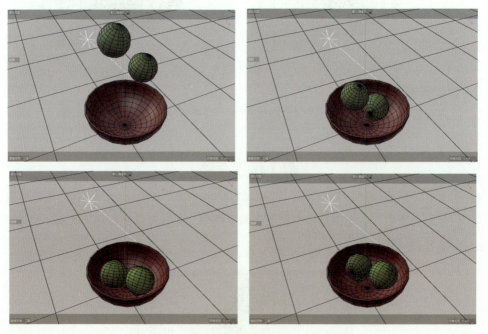

图 8-62

❺ 选择果盘模型，将其碰撞体标签删除，重新为其添加刚体标签，如图 8-63 所示。

❻ 在"属性"面板的"碰撞"组中设置"外形"为"动态网格"，如图 8-64 所示。

⑦ 在"动力学"组中设置"激发"为"开启碰撞",如图8-65所示。

图 8-63　　　　　　　　图 8-64　　　　　　　　图 8-65

⑧ 再次播放动画,这一次可以看到果盘模型被水果模型碰撞后产生晃动,如图8-66所示。

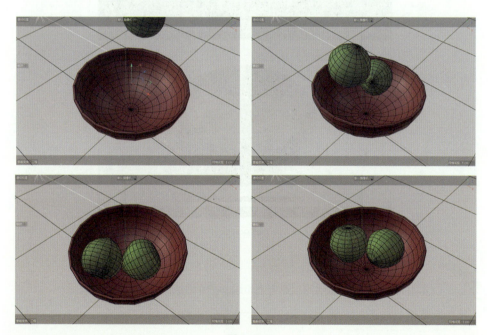

图 8-66

⑨ 单击任意水果模型的刚体标签,在"属性"面板的"缓存"组中单击"全部烘焙"按钮,如图8-67所示。

设置完成后,可以看到"对象"面板中水果模型和果盘模型名称后面的标签形状发生了变化,如图8-68所示。

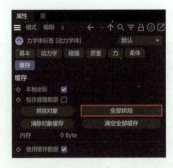

图 8-67

图 8-68

❿ 渲染场景，本实例的最终渲染效果如图 8-69 所示。

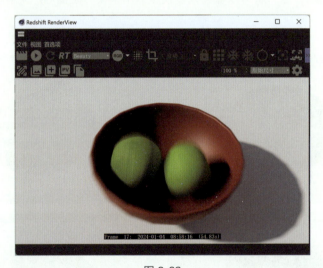

图 8-69

学习完本实例后，读者可以思考还可以制作哪些类似的物体掉落动画。

8.3.5 实例：制作布料碰撞动画

实例介绍

　　本实例主要讲解如何使用"模拟标签"子菜单里的命令来制作布料碰撞动画，其最终动画效果如图 8-70 所示。

图 8-70

> **思路分析**
>
> 制作一个布料模型，将其设置为布料对象来模拟布料碰撞动画。

步骤演示

❶ 启动中文版 Cinema 4D 2024，打开本书配套资源"椅子.c4d"文件，场景中有一个地面模型、一个椅子模型，并且已经设置好了材质和灯光，如图 8-71 所示。

❷ 单击"平面"按钮，如图 8-72 所示，在场景中创建一个平面作为布料模型。

图 8-71　　　　　　　　　　图 8-72

❸ 在"属性"面板中设置布料模型的"宽度"为 100 cm，"高度"为 100 cm，"宽

度分段"为50,"高度分段"为50,如图8-73所示。

④ 设置完成后沿Y轴方向向上调整布料模型的位置,如图8-74所示。

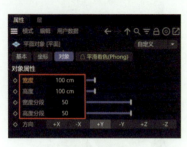

图8-73

图8-74

⑤ 在"对象"面板中选择布料模型,单击鼠标右键并执行"模拟标签"/"布料"命令,将其设置为布料。布料模型名称的后面出现一个布料标签,如图8-75所示。

⑥ 选择地面模型和椅子模型,单击鼠标右键并执行"模拟标签"/"碰撞体"命令,将其设置为布料模型的碰撞对象。这两个模型名称的后面出现碰撞体标签,如图8-76所示。

图8-75

图8-76

⑦ 设置完成后播放动画,可以看到布料模型下落后与椅子模型碰撞产生褶皱,如图8-77和图8-78所示。

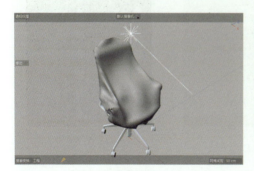

图8-77

图8-78

❽ 单击布料模型的布料标签,在"属性"面板的"缓存"组中单击"计算缓存"按钮,如图 8-79 所示,弹出"缓存模拟"对话框,如图 8-80 所示。

图 8-79

图 8-80

❾ 缓存计算完成后再次播放动画,可以看到布料模型下落的动画流畅了许多,如图 8-81 所示。

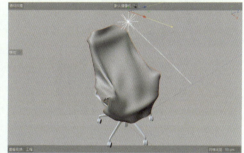

图 8-81

❿ 选择布料模型,按住 Alt 键单击"细分曲面"按钮,如图 8-82 所示,使模型更加平滑,如图 8-83 所示。

图 8-82　　　　　　　　　图 8-83

⓫ 播放动画，动画效果如图 8-84 所示。

图 8-84

⓬ 渲染场景，本实例的最终渲染效果如图 8-85 所示。

图 8-85

> 学习完本实例后,读者可以思考还可以制作哪些类似的布料碰撞动画。

8.3.6 实例:制作火焰燃烧动画

 实例介绍

　　本实例主要讲解如何使用"模拟标签"子菜单里的命令来制作火焰燃烧动画,其最终动画效果如图 8-86 所示。

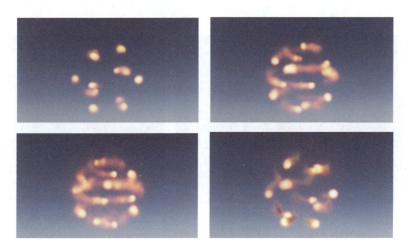

图 8-86

思路分析

　　先模拟出火焰燃烧效果,再设置材质。

步骤演示

① 启动中文版 Cinema 4D 2024，打开本书配套资源"燃烧.c4d"文件，场景中有一个宝石体模型，并且已经设置好了灯光，如图 8-87 所示。

② 选择宝石体模型，在"对象"面板中单击鼠标右键并执行"模拟标签"/"烟火发射器"命令，将其设置为烟火发射器。设置完成后，可以看到宝石体模型名称的后面出现一个烟火发射器标签，如图 8-88 所示。

图 8-87　　　　　　　　　　　　图 8-88

③ 播放动画，可以看到宝石体模型上的火焰燃烧效果，如图 8-89 所示。

④ 在"属性"面板中设置烟火发射器标签的"发射类型"为"点"，如图 8-90 所示。

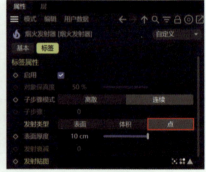

图 8-89　　　　　　　　　　　　图 8-90

⑤ 再次播放动画，可以看到火焰从模型的顶点处开始产生，如图 8-91 所示。

⑥ 选择宝石体模型，在"对象"面板中单击鼠标右键并执行"动画标签"/"振动"命令。设置完成后，可以看到宝石体模型名称的后面出现一个振动标签，如图 8-92 所示。

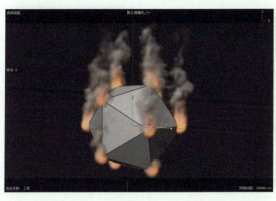

图 8-91　　　　　　　　　　图 8-92

❼ 在"属性"面板中勾选"启用旋转",设置"振幅"为(360°,0°,0°),"频率"为1,如图 8-93 所示。

❽ 设置完成后播放动画,随着宝石体模型转动产生的火焰燃烧效果如图 8-94 所示。

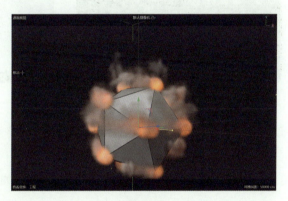

图 8-93　　　　　　　　　　图 8-94

❾ 渲染场景,可以看到默认状态下火焰燃烧效果无法渲染出来,如图 8-95 所示。

❿ 在材质管理器中长按"新的默认材质"按钮,并执行"材质"/"烟火体积"命令,如图 8-96 所示,创建一个烟火体积材质。

⓫ 将材质管理器中的烟火体积材质拖曳到"对象"面板的"烟火输出"对象上,如图 8-97 所示。

⓬ 再次渲染场景,宝石体模型上的火焰燃烧效果如图 8-98 所示。

213

图 8-95　　　　　　　　　　　　　图 8-96

图 8-97　　　　　　　　　　　　　图 8-98

⑬ 选择宝石体模型，在"属性"面板中设置"视窗可见"为"关闭"，"渲染器可见"为"关闭"，如图 8-99 所示。

⑭ 再次渲染场景，隐藏宝石体模型后的渲染效果如图 8-100 所示。

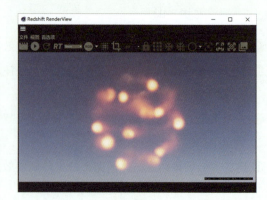

图 8-99　　　　　　　　　　　　　图 8-100

技巧与提示

选择"烟火输出"对象，在"属性"面板中单击"缓存"按钮，如图 8-101 所示。缓存完成后可以得到较为流畅的火焰燃烧动画。

图 8-101

举一反三

学习完本实例后，读者可以思考还可以制作哪些类似的火焰燃烧动画。

8.3.7 实例：制作抱枕下落动画

实例介绍

本实例主要讲解如何使用"模拟标签"子菜单里的命令来制作抱枕下落的动画，其最终动画效果如图 8-102 所示。

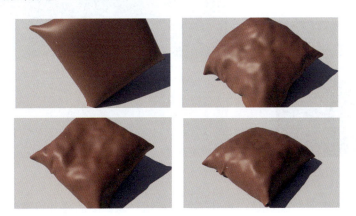

图 8-102

思路分析

先制作抱枕模型，再将其设置为布料对象来模拟抱枕下落动画。

步骤演示

1. 启动中文版 Cinema 4D 2024，打开本书配套资源"地面.c4d"文件，场景中有一个地面模型，并且已经设置好了灯光，如图 8-103 所示。
2. 单击"立方体"按钮，如图 8-104 所示，在场景中创建一个立方体模型，用来制作抱枕模型。

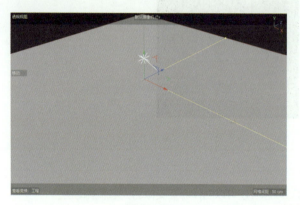

图 8-103

图 8-104

3. 在"属性"面板中设置立方体模型的"尺寸.X"为50cm，"尺寸.Y"为20cm，"尺寸.Z"为50cm，"分段X"为30，"分段Y"为1，"分段Z"为30，如图 8-105 所示。
4. 设置完成后调整立方体模型的高度，如图 8-106 所示。

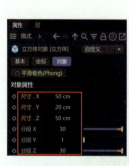

图 8-105

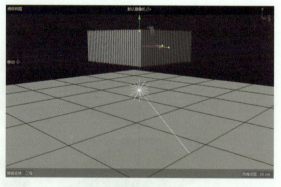

图 8-106

5. 选择立方体模型，按 C 键，将其转为可编辑对象，然后将其设置为布料，如图 8-107 所示。
6. 选择图 8-108 所示的面。在"属性"面板中单击"缝合面"后面的"设置"按钮，如图 8-109 所示。立方体模型的透视视图显示结果如图 8-110 所示。

动画技术　第8章

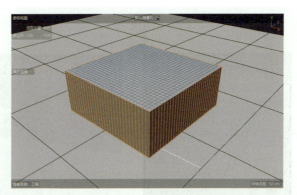

图 8-107

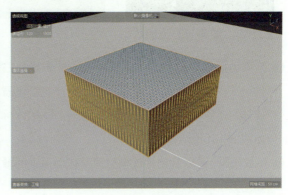
图 8-108

图 8-109　　　　　　　　　　　图 8-110

❼ 在"属性"面板中先设置"宽度"为 1cm，再单击"收缩"按钮，如图 8-111 所示，得到图 8-112 所示的抱枕模型。

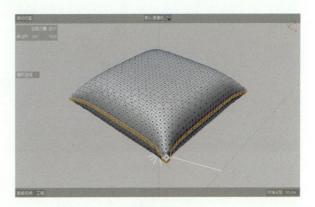

图 8-111　　　　　　　　　　　图 8-112

❽ 单击鼠标右键并执行"连接对象 + 删除"命令，如图 8-113 所示。调整抱枕模型

217

的位置和方向，如图 8-114 所示。

图 8-113

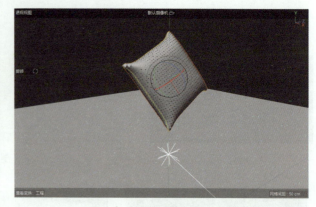
图 8-114

❾ 选择地面模型，在"对象"面板中单击鼠标右键并执行"模拟标签"/"碰撞体"命令，将其设置为碰撞体。地面模型名称的后面出现一个碰撞体标签，如图 8-115 所示。

图 8-115

❿ 播放动画，可以看到抱枕模型掉落在地面上的效果，如图 8-116 所示。

⓫ 在"对象"面板中单击布料标签，在"属性"面板中勾选"柔体"，如图 8-117 所示。

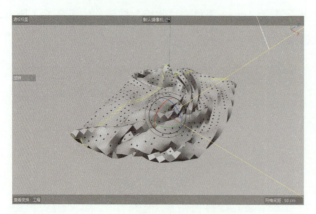
图 8-116

图 8-117

> **技巧与提示**
>
> 勾选"柔体"后,可以看到"对象"面板中的布料标签会更改为柔体标签,如图8-118所示。
>
>
>
> 图 8-118

⑫ 再次播放动画,动画效果如图8-119所示。

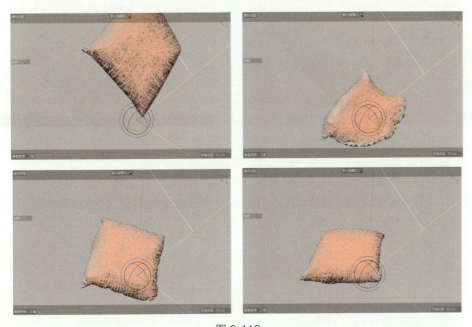

图 8-119

⑬ 在"属性"面板中单击"计算缓存"按钮,如图8-120所示,为动画创建缓存。

⑭ 选择抱枕模型,按住Alt键单击"细分曲面"按钮,如图8-121所示,使模型更加平滑,如图8-122所示。

⑮ 为抱枕模型添加一个红色材质。渲染场景,本实例的渲染效果如图8-123所示。

图 8-120

图 8-121

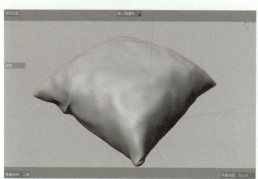

图 8-122

图 8-123

学习完本实例后，读者可以尝试使用同样的方法制作各种形态不一的抱枕模型。

第9章

粒子动画技术

9.1 粒子概述

粒子特效广泛应用于众多影视特效项目中，在烟雾特效、爆炸特效、光特效、群组动画特效等特效中，可以看到粒子特效的影子，也就是说粒子特效是融合在这些特效当中的，它们不可分割，却又自成一体。与其他三维动画软件一样，中文版 Cinema 4D 2024 也为动画师提供了功能强大的粒子系统。图 9-1 和图 9-2 所示为使用粒子系统制作出来的三维作品。

图 9-1

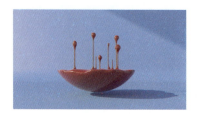

图 9-2

9.2 创建粒子发射器

启动中文版 Cinema 4D 2024，执行菜单栏中的"模拟"/"发射器"命令，如图 9-3 所示，即可在场景中创建粒子发射器。拖动时间轴滑块，可以看到一些粒子从发射器发射出来。有关创建粒子发射器的视频可扫描图 9-4 中的二维码观看。

图 9-3

图 9-4

9.3 技术实例

9.3.1 实例：制作光线运动动画

实例介绍

本实例主要讲解如何使用粒子来制作光线运动动画，其最终动画效果如图 9-5 所示。

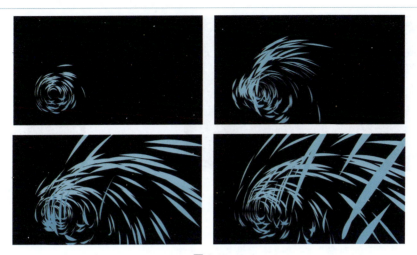

图 9-5

> **思路分析**
>
> 先使用粒子制作出光线运动的动画,再使用"扫描"生成器制作光线的形态。

步骤演示

❶ 启动中文版 Cinema 4D 2024,执行菜单栏中的"模拟"/"发射器"命令,在场景中创建一个粒子发射器,如图 9-6 所示。

❷ 播放动画,看到粒子从发射器发射出来,如图 9-7 所示。

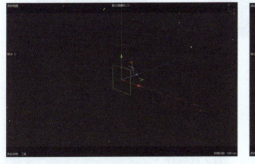
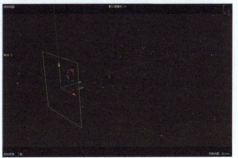

图 9-6　　　　　　　　　　　图 9-7

❸ 选择发射器,执行菜单栏中的"模拟"/"力场"/"旋转"命令,创建旋转力场。再次播放动画,可以看到粒子的运动效果,如图 9-8 所示。

❹ 选择发射器,单击"追踪对象"按钮,如图 9-9 所示。

图 9-8

图 9-9

> **技巧与提示**
>
> 单击"追踪对象"按钮时不需要按住 Alt 键。

❺ 播放动画，添加了追踪对象后的粒子轨迹显示效果如图 9-10 所示。

❻ 在"属性"面板中，设置追踪对象的"限制"为"从结束"，"总计"为 10，如图 9-11 所示。

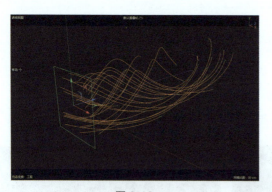
图 9-10

图 9-11

❼ 播放动画，粒子轨迹显示效果如图 9-12 所示。

❽ 单击"矩形"按钮，如图 9-13 所示，在场景中创建一个矩形图形。

❾ 在"属性"面板中设置矩形图形的"宽度"为 0 cm，"高度"为 5 cm，如图 9-14 所示。

❿ 单击"扫描"按钮，如图 9-15 所示，在场景中创建一个"扫描"生成器。

图 9-12

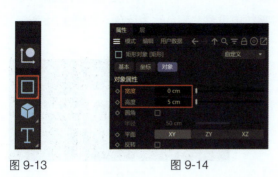

图 9-13　　　　　　　图 9-14　　　　　　　图 9-15

⑪ 在"对象"面板中将追踪对象和矩形图形设置为"扫描"生成器的子对象，如图 9-16 所示。

设置完成后，粒子在场景中的显示效果如图 9-17 所示。

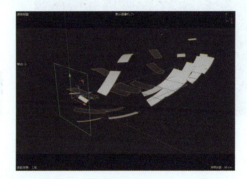

图 9-16　　　　　　　　　　　图 9-17

⑫ 选择"扫描"生成器，在"属性"面板的"细节"卷展栏中调整"缩放"曲线的形态，如图 9-18 所示。

设置完成后，场景中粒子的显示效果如图 9-19 所示。

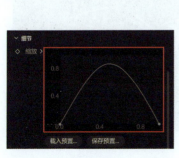

图 9-18　　　　　　　　　　　图 9-19

⑬ 选择"扫描"生成器，单击鼠标右键并执行"创建默认材质"命令，如图 9-20 所示。

⑭ 在"属性"面板的"基底"卷展栏中设置"颜色"为蓝色，如图 9-21 所示。

图 9-20

图 9-21

⑮ 在"反射"卷展栏中设置"权重"为 0，如图 9-22 所示。

⑯ 在"发光"卷展栏中设置"颜色"为蓝色，"权重"为 1，如图 9-23 所示。

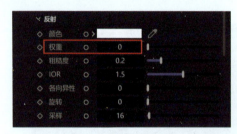
图 9-22

图 9-23

⑰ 播放动画，动画效果如图 9-24 所示。

⑱ 渲染场景，渲染效果如图 9-25 所示。

⑲ 选择发射器，在"属性"面板中设置"视窗生成比率"为 50，"渲染器生成比率"为 50，如图 9-26 所示。

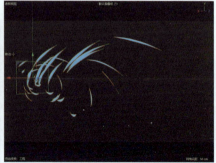
图 9-24

粒子动画技术 第 9 章

图 9-24（续）

图 9-25

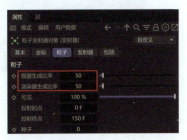

图 9-26

⑳ 再次渲染场景，渲染效果如图 9-27 所示。

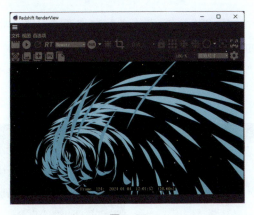

图 9-27

> **举一反三** 学习完本实例后，读者可以尝试为发射器添加其他的力场来得到细节更加丰富的光线运动动画。

227

9.3.2 实例：制作线条起伏动画

实例介绍

本实例主要讲解如何使用粒子来制作线条起伏动画，其最终动画效果如图 9-28 所示。

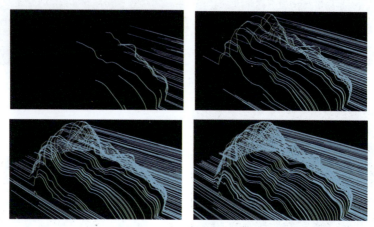

图 9-28

思路分析

先制作粒子线条动画，再使用"投射视角"变形器制作线条起伏动画。

步骤演示

① 启动中文版 Cinema 4D 2024，打开本书配套资源"浮雕 .c4d"文件，场景中有一个浮雕模型，如图 9-29 所示。

② 执行菜单栏中的"模拟"/"发射器"命令，在场景中创建一个粒子发射器，如图 9-30 所示。

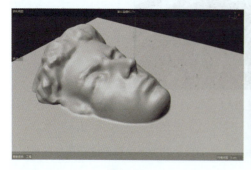

图 9-29

图 9-30

❸ 在"属性"面板中设置发射器的"水平尺寸"为 20 cm,"垂直尺寸"为 0.3 cm,如图 9-31 所示。

❹ 设置完成后调整发射器的位置,如图 9-32 所示。

图 9-31

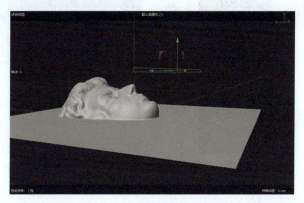

图 9-32

❺ 在"属性"面板中设置发射器的"视窗生成比率"为 100,"渲染器生成比率"为 100,"速度"为 10 cm,"变化"为 50%,如图 9-33 所示。

❻ 播放动画,粒子的动画效果如图 9-34 所示。

图 9-33

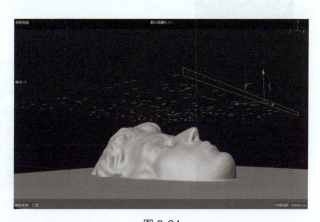

图 9-34

❼ 选择发射器,单击"追踪对象"按钮,如图 9-35 所示。

❽ 播放动画,添加了追踪对象后的粒子轨迹显示效果如图 9-36 所示。

❾ 选择追踪对象,按住 Shift 键单击"投射视角"按钮,如图 9-37 所示,为其添加"投射视角"变形器。

❿ 在"属性"面板中设置变形器的"目标对象"为"浮雕模型","方向"为 –Y,

如图 9-38 所示。

图 9-35

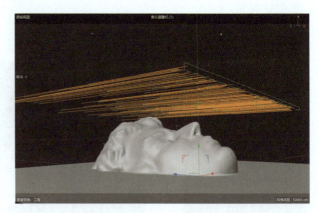

图 9-36

图 9-37

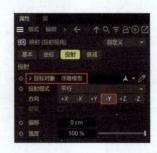

图 9-38

设置完成后，可以看到追踪对象沿浮雕模型产生了上下起伏的动画效果，如图 9-39 所示。

⓫ 单击"多边"按钮，如图 9-40 所示，在场景中创建一个多边图形。

⓬ 在"属性"面板中设置多边图形的"半径"为 0.02 cm，如图 9-41 所示。

⓭ 单击"扫描"按钮，如图 9-42 所示，在场景中创建一个"扫描"生成器。

⓮ 在"对象"面板中将追踪对象和多边分别设置为"扫描"生成器的子对象，如图 9-43 所示。

图 9-39

图 9-40

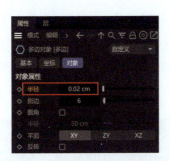

图 9-41

图 9-42

设置完成后,"扫描"生成器产生的线条效果如图 9-44 所示。

图 9-43

图 9-44

⑮ 选择追踪对象,在"属性"面板中设置"点插值方式"为"自然",如图9-45所示。这样可以得到更加平滑的线条,如图9-46所示。

图 9-45　　　　　　　　　　　图 9-46

⑯ 执行菜单栏中的"模拟"/"力场"/"破坏场"命令,在场景中创建一个破坏场。在"属性"面板中设置破坏场的"尺寸"为(30 cm,30 cm,30 cm),如图9-47所示。

⑰ 设置完成后调整破坏场的位置,如图9-48所示。这样可以删除进入破坏场的粒子。

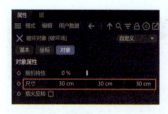
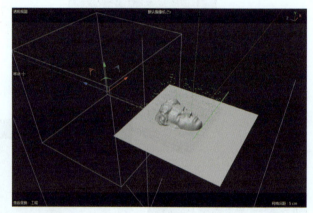

图 9-47　　　　　　　　　　　图 9-48

⑱ 隐藏浮雕模型后播放动画,动画效果如图9-49所示。

⑲ 为线条添加蓝色材质后渲染场景,本实例的渲染效果如图9-50所示。

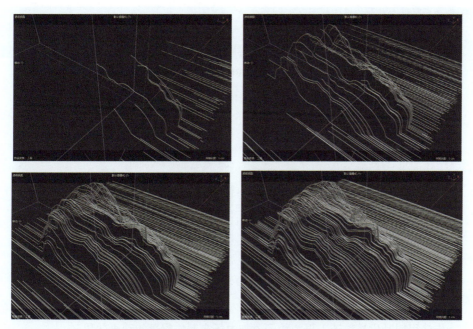

图 9-49

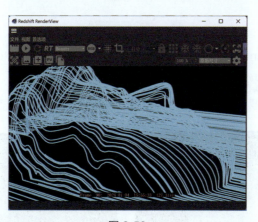

图 9-50

 技巧与提示

对于本实例中使用的蓝色材质，读者可以参考上一小节进行制作。

举一反三

学习完本实例后，读者可以思考将该实例应用在哪些影视特效项目上。

9.3.3 实例：制作树叶飘落动画

> **实例介绍**
>
> 本实例主要讲解如何使用粒子来制作树叶飘落动画，其最终动画效果如图9-51所示。

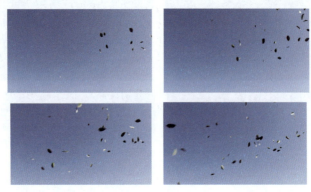

图 9-51

> **思路分析**
>
> 先使用树叶代替粒子，再为粒子添加力场来制作飘落的动画效果。

▶ 步骤演示

❶ 启动中文版 Cinema 4D 2024，打开本书配套资源"树叶.c4d"文件，场景中有一个带有材质的树叶模型，如图9-52所示。

❷ 执行菜单栏中的"模拟"/"发射器"命令，在场景中创建一个粒子发射器，如图9-53所示。

图 9-52

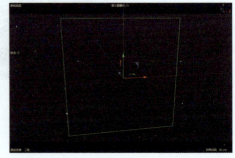

图 9-53

❸ 在发射器的"属性"面板中设置"变换"卷展栏内的参数值，如图9-54所示。

❹ 在"对象"面板中设置场景中的树叶模型为发射器的子对象，如图9-55所示。

❺ 选择发射器，在"属性"面板的"粒子"组中设置"视窗生成比率"为20，"渲染器生成比率"为20，"速度"为0 cm，"旋转"为180°，"变化"为

100%，终点缩放的"变化"为50%，勾选"显示对象"，如图9-56所示。

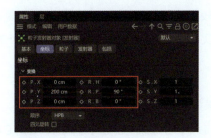
图 9-54

图 9-55

❻ 设置完成后播放动画，粒子动画透视视图中的显示结果如图9-57所示。

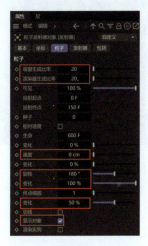
图 9-56

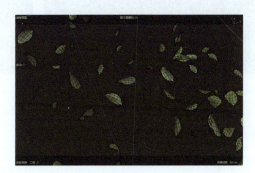
图 9-57

❼ 执行菜单栏中的"模拟"/"力场"/"重力场"命令，在场景中创建一个重力场，如图9-58所示。

❽ 选择重力场，在"属性"面板的"对象属性"组中设置"加速度"为60 cm，如图9-59所示。

图 9-58

图 9-59

> **技巧与提示**
>
> 在本实例中模拟树叶下落时,由于树叶较轻较薄,下落时较为缓慢,因此需要减小重力场的"加速度"值,以得到较为真实的下落效果。读者可以使用一张纸在现实生活中进行模拟。

⑨ 设置完成后播放动画,树叶下落的动画效果如图9-60所示。

⑩ 执行菜单栏中的"模拟"/"力场"/"风力"命令,在场景中创建一个风力,如图9-61所示。

 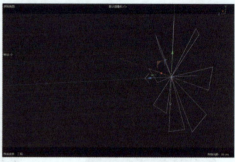

图 9-60　　　　　　　　　　　　　图 9-61

> **技巧与提示**
>
> 风力的箭头方向代表风力作用的方向。

⑪ 设置完成后播放动画,动画效果如图9-62所示。
⑫ 单击"RS太阳和天空装配"按钮,如图9-63所示,在场景中创建一个RS天空灯光。
⑬ 在"渲染设置"窗口的"运动模糊"组中勾选"启用",如图9-64所示。

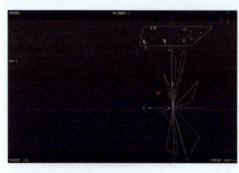 

图 9-62

图 9-62（续）

图 9-63　　　　　　　　　　　图 9-64

⑭ 设置完成后渲染场景，渲染效果如图 9-65 所示。

图 9-65

学习完本实例后，读者可以思考如何将该动画效果应用在建筑动画或影视动画中。

第 10 章

使用 AI 工具创作和完善作品

10.1 文心一格概述

文心一格是百度依托飞桨、文心大模型的技术创新推出的 AI 绘图工具。通过该工具，用户可以文生图（Text-To-Image）的方式制作写实、卡通等多种不同风格的图像。该工具还能为视觉传达、数字媒体艺术等领域的艺术家及设计师提供创作灵感。图 10-1～图 10-4 均为使用文心一格生成的不同风格的 AI 绘图作品。

图 10-1

图 10-2

图 10-3

图 10-4

启动网页浏览器，使用百度搜索引擎搜索"文心一格"，进入文心一格的首页，单击"立即创作"按钮，如图 10-5 所示，即可进入文心一格的 AI 艺术和创意辅助平台，如图 10-6 所示。那么如何开始图像的创作呢？当想要绘制一幅角色图像时，通常都会先思考以下几个问题。例如，角色是男生还是女生？身上穿现代服装还是古代服装？表情是什么样的？长发还是短发？头发是什么颜色？是否有什么动作？将这些问题的答案输入文本框，单击"立即生成"按钮，就可以得到多幅 AI 绘画作品。

图 10-5

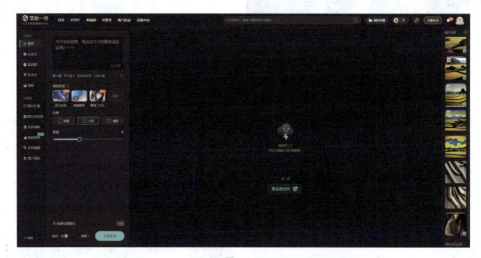

图 10-6

10.2 使用推荐方式绘画

文生图是文心一格默认生成图像的方式，用户输入简单的关键词或句子即可生成对应的图像。关键词是 AI 绘画的核心，有些工具也称之为提示词。关键词使用是否得当会直接影响生成图像的质量和效果，读者可以参考文心一格官方网站中的灵感中心推荐的关键词。图 10-7 所示为使用关键词（漂亮女孩，汉服，阳光，高质量，细节丰富，写实，照片）生成的角色图像。有关使用推荐方式绘画的视频可扫描图 10-8 中的二维码观看。

使用 AI 工具创作和完善作品　第 10 章

图 10-7

图 10-8

> **技巧与提示**
>
> AI 绘画技术是一种可以随机生成图像的人工智能绘画技术，即使每一位读者都输入相同的关键词，得到的结果也不一样。
>
> 目前市面上任何一款 AI 绘画工具都无法保证能一次性生成完美的、符合用户需求的图像，如果想要得到较为符合心理预期的图像，通常需要进行大量尝试，最后择优选用。

10.3　使用自定义方式绘画

如果使用文心一格提供的自定义方式来进行绘画，那么用户可以进行更加详细的参数设置，以得到准确度更高的作品。单击"自定义"按钮，如图 10-9 所示，即可进入自定义绘画界面。图 10-10 所示为使用关键词（漂亮女孩，微笑，裙子，红色长发，阳光，白云，大海，高质量，细节丰富）生成的动漫角色图像。有关使用自定义方式绘画的视频可扫描图 10-11 中的二维码观看。

图 10-9

图 10-10

图 10-11

241

> **技巧与提示**
>
> AI 绘画工具有一定概率生成不正确的图像,不正确是指透视关系不合理、角色肢体错误、牙齿混乱等。有些错误可以通过额外添加关键词来进行纠正,有些错误可以通过设置不希望出现的内容(即反向关键词)来避免。当然,使用 AI 绘画工具进行多次绘制,得到正确图像的概率将大大提高。

10.4 图片扩展

图片扩展是文心一格为用户提供的一项非常有用的对现有图像进行内容扩充的强大功能。从图像的生成方式来看,该功能属于图生图的范畴。用户提供一张图片,文心一格可以基于该图片进行人工智能计算来扩展图片的边界。图 10-12 所示为使用图片扩展功能前后的图片。有关图片扩展功能的视频可扫描图 10-13 中的二维码观看。

图 10-12　　　　　　　　　　　　　图 10-13

> **技巧与提示**
>
> 刚开始学习使用三维软件制作三维动画场景时常常会遇到不知道房间里面需要放什么东西的问题。这时可以考虑借助文心一格获取室内物品的摆放思路及创作灵感。

10.5 人物动作识别再创作

文心一格可以对用户上传图片中人物的动作进行识别并生成简易的骨骼图像,如图 10-14 和图 10-15 所示,然后以文生图的方式来创建 AI 绘画作品。图 10-16 所示

使用 AI 工具创作和完善作品　第 10 章

为以关键词（女生，微笑，黑色短发，蓝眼睛，阳光，白云，细节丰富，二次元）生成的 AI 绘画作品。有关人物动作识别再创作功能的视频可扫描图 10-17 中的二维码观看。

图 10-14

图 10-15

图 10-16

图 10-17

技巧与提示

人物动作识别再创作功能主要用于识别人体骨骼，如果用户上传的图片中没有人物，可能会产生无效的不可预见的图像。

10.6　线稿识别再创作

文心一格可以对用户上传的线稿进行识别，如图 10-18 所示，然后以文生图的方式来创建 AI 绘画作品。图 10-19 所示为以关键词（蓝色花瓶，粉红色的花，阳光，二次元）生成的 AI 绘画作品。有关线稿识别再创作功能的视频可扫描图 10-20

图 10-18

243

中的二维码观看。

图 10-19

图 10-20

10.7 技术实例

10.7.1 实例：以文生图方式制作海报

实例介绍

本实例主要讲解如何使用文心一格来制作一组海报作品，其最终结果如图 10-21 ～图 10-24 所示。

图 10-21

图 10-22

图 10-23

图 10-24

思路分析

制作实例前需要设置排版布局，想好海报的主体及背景，再进行图像制作。

使用 AI 工具创作和完善作品　第 10 章

> ▶ 步骤演示

❶ 在文心一格的 AI 艺术和创意辅助平台上设置"AI 创作"类型为"海报","排版布局"为"横版 16∶9"和"中心布局","海报风格"为"平面插画",如图 10-25 所示。

❷ 在"海报主体"文本框内输入"一碗牛肉面",如图 10-26 所示。

❸ 在"海报背景"文本框内输入"牛,蓝天,白云,草地,远山",如图 10-27 所示。

图 10-25

图 10-26

图 10-27

❹ 设置"数量"为 4,如图 10-28 所示。

❺ 单击"立即生成"按钮,如图 10-29 所示。

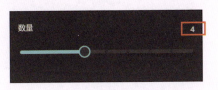

图 10-28

图 10-29

> 技巧与提示
>
> 　　由于 AI 绘画具有较强的随机性,所以读者输入相同的关键词所得到的图像会各不相同。

本次生成的图像如图 10-30 所示。

245

图 10-30

学习完本实例后，读者可以尝试使用该方法制作其他产品的海报。

10.7.2 实例：以文生图方式制作艺术字

实例介绍

本实例主要讲解如何使用文心一格来制作一组艺术字作品，其最终结果如图 10-31 ～图 10-34 所示。

图 10-31

图 10-32

图 10-33

图 10-34

思路分析

制作实例前需要设置文字内容及字体创意，再进行图像制作。

使用AI工具创作和完善作品 第10章

> ▶ 步骤演示

❶ 在文心一格的AI艺术和创意辅助平台上设置"AI创作"类型为"艺术字",并输入"果",如图10-35所示。

❷ 设置"字体布局"为"默认",在"字体创意"文本框内输入"香蕉,苹果,草莓",设置"影响比重"为1,如图10-36所示。

❸ 设置"比例"为"横图","数量"为2,如图10-37所示。

图 10-35

图 10-36

图 10-37

❹ 单击"立即生成"按钮,如图10-38所示。

本次生成的图像如图10-39所示。

图 10-38

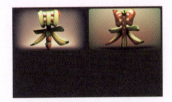
图 10-39

❺ 设置"影响比重"为10,如图10-40所示。

❻ 单击"立即生成"按钮,本次生成的图像如图10-41所示。

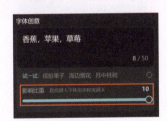
图 10-40

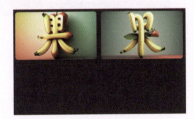
图 10-41

读者可以尝试使用同样的方法制作2~5个艺术字。

247

10.7.3 实例：以图生图方式更改模型材质

实例介绍

本实例主要讲解如何使用文心一格来更改模型的材质，以给读者带来更多的材质创建灵感，其最终结果如图 10-42 和图 10-43 所示。

图 10-42

图 10-43

思路分析

制作实例前需要上传参考图，设置文字内容，再进行图像制作。

步骤演示

❶ 在文心一格的 AI 艺术和创意辅助平台上设置"AI 创作"类型为"自定义"，如图 10-44 所示。

❷ 上传一张花瓶的渲染图作为参考图，设置"影响比重"为 10，如图 10-45 所示。

图 10-44

图 10-45

技巧与提示

"影响比重"值越小，原始图像越容易产生较大的改变。

❸ 在文本框内输入"荷花，凹凸，光线"，如图 10-46 所示。

❹ 设置"尺寸"为 16∶9，"数量"为 1，如图 10-47 所示。

使用 AI 工具创作和完善作品　第 10 章

图 10-46

图 10-47

❺ 单击"立即生成"按钮，如图 10-48 所示。
本次生成的图像如图 10-49 所示。

图 10-48

图 10-49

❻ 在文本框内输入"玻璃，凹凸，好看的花纹"，如图 10-50 所示。
❼ 单击"立即生成"按钮，本次生成的图像如图 10-51 所示。

图 10-50

图 10-51

读者可以尝试使用本书实例中的其他模型来制作材质不同的 AI 绘画作品。

249

10.7.4 实例：以图生图方式更改室内渲染效果

实例介绍

本实例主要讲解如何使用文心一格来制作室内场景 AI 绘画作品，其最终结果如图 10-52 ~ 图 10-55 所示。

图 10-52

图 10-53

图 10-54

图 10-55

思路分析

制作实例前需要上传参考图，设置文字内容，再进行图像制作。

步骤演示

❶ 在文心一格的 AI 艺术和创意辅助平台上设置"AI 创作"类型为"自定义"，如图 10-56 所示。

❷ 上传一张室内场景的渲染图作为参考图，设置"影响比重"为 10，如图 10-57 所示。

图 10-56

图 10-57

❸ 在文本框内输入"简约风格,高质量,写实",如图 10-58 所示。
❹ 设置"尺寸"为 16:9,"数量"为 4,如图 10-59 所示。

图 10-58

图 10-59

❺ 单击"立即生成"按钮,如图 10-60 所示。
本次生成的图像如图 10-61 所示。

图 10-60

图 10-61

❻ 设置"影响比重"为 8,如图 10-62 所示。
❼ 单击"立即生成"按钮,本次生成的图像如图 10-63 所示。

图 10-62

图 10-63

> **技巧与提示**
>
> 如果不希望生成的图像里出现人物,可以设置"不希望出现的内容"为"人物",如图 10-64 所示。

图 10-64

> **举一反三**
>
> 读者可使用自己制作的室内场景,上传更改渲染效果,多尝试生成一些图像,择优选用。

10.7.5 实例:以图生图方式制作二次元室内场景

> **实例介绍**
>
> 本实例主要讲解如何使用文心一格来制作二次元风格的室内场景 AI 绘画作品,其最终结果如图 10-65 ~ 图 10-68 所示。

图 10-65

图 10-66

图 10-67

图 10-68

> **思路分析**
>
> 制作实例前需要上传参考图,设置文字内容,再进行图像制作。

步骤演示

❶ 在文心一格的 AI 艺术和创意辅助平台上设置"AI 创作"类型为"自定义",如图 10-69 所示。

❷ 设置"选择 AI 画师"为"二次元",再上传一张室内场景的渲染图作为参考图,设置"影响比重"为 10,如图 10-70 所示。

图 10-69

❸ 在文本框内输入"阳光,高质量,细节丰富",如图 10-71 所示。

图 10-70

图 10-71

❹ 设置"尺寸"为 16:9,"数量"为 4,如图 10-72 所示。

❺ 单击"立即生成"按钮,如图 10-73 所示。

图 10-72

图 10-73

本次生成的图像如图 10-74 所示。

图 10-74

❻ 设置"影响比重"为7，如图10-75所示。

图 10-75

❼ 单击"立即生成"按钮，本次生成的图像如图10-76所示。

图 10-76

举一反三　　读者可以尝试使用本书实例中其他的室内场景来生成一些有趣的二次元风格 AI 绘画作品。